A N D R É   D.   T H E S S
DER ENERGIEGIPFEL

© 2025 Langen Müller Verlag GmbH,
Thomas-Wimmer-Ring 11, 80539 München
info@langenmueller.de
Alle Rechte vorbehalten
Wir behalten uns auch die Nutzung von uns veröffentlichter Werke für
Text und Data Mining im Sinne von §44b UrhG ausdrücklich vor.
Umschlaggestaltung: Büro Jorge Schmidt, München
Innengestaltung und Satz: Sibylle Schug, München
Druck und Bindung: Friedrich Pustet GmbH & Co. KG, Regensburg
Printed in Germany
ISBN: 978-3-7844-3734-7
www.langenmueller.de

ANDRÉ D. THESS

DER

Ausweg
aus dem
Klimakampf

ENERGIE
GIPFEL

Inhalt

.

1. Motivation: Vom Fenstersturz zum Friedensgipfel

Am Mittwoch, dem 23. Mai 1618 warfen wütende Protestanten unter Führung von Heinrich Matthias von Thurn die katholischen Statthalter Jaroslaw Borsita und Wilhelm Slavata sowie den Kanzleisekretär Philipp Fabricius aus dem 17 Meter hohen Fenster des Alten Prager Königspalastes. Ob die fliegenden Herren ihr Überleben einem Misthaufen, ihren dicken Mänteln oder der Jungfrau Maria verdanken, liegt im Dunkel der Geschichte verborgen[1].

Unstrittig ist hingegen, dass der Prager Fenstersturz den Dreißigjährigen Krieg einläutete – einen erbitterten Religionskrieg mit sechs Millionen Todesopfern. Erst 30 Jahre später, am 24. Oktober 1648, fand dieses traumatische Kapitel europäischer Geschichte mit der Unterzeichnung des Westfälischen Friedens in Münster und Osnabrück sein Ende.

Deutsche Politiker dürften vor diesem Hintergrund am 10. Juni 2023 erleichtert gewesen sein. Bei den Protesten von 13 000 Bürgern gegen das Gebäudeenergiegesetz in Erding ging es gesitteter zu als damals in Prag. Defenestrationen sind weder aus Erding noch aus Berlin überliefert. Ministerstürze auch nicht. Anders als bei den Protesten von Kernkraftgegnern in den 1980er-Jahren gegen die Aufbereitungsanlage Wackersdorf wurden in Erding weder Molotowcocktails geworfen noch Polizeiautos angezündet.

Ungeachtet der Tatsache, dass die heutigen Auseinandersetzungen um Energie- und Klimapolitik weitgehend gewaltfrei verlaufen, hatte der Hamburger Universitätspräsident Dieter Lenzen auf einer Online-Diskussionsveranstaltung schon im Oktober 2021 in meinem Beisein gesagt: »Die Energiewende hat das Potenzial zum Bürgerkrieg.«

Wie kann die Spaltung der deutschen Bevölkerung zu Energie- und Klimapolitik überwunden werden? Diese Analyse soll dazu beitragen, dass wir uns nicht erst im Jahr 2053 versöhnen.

1.1 Wie Energie und Klima die Gesellschaft spalten

Die Polarisierung des Volkes zu Energie und Klima ist allgegenwärtig. Ein Teil der Deutschen will Wind- und Solarenergie beschleunigt ausbauen, Kohlekraftwerke schneller stilllegen, Verbrennungsmotoren und Gasheizungen verbieten, Flugreisen rationieren, schwere Geländewagen (SUV) höher besteuern und Fleisch verteuern. Dies diene dem Ziel, möglichst bald das Ziel eines klimaneutralen Deutschlands zu erreichen.

Einigen geht der Prozess zu langsam. Sie begehen – nach eigener Behauptung als legitimes Zeichen zivilen Ungehorsams – Ordnungswidrigkeiten oder Straftaten: unentschuldigtes Fernbleiben von der Schule, Blockade von Straßen und Flughäfen durch Festkleben am Boden, Sachbeschädigung wie etwa das Beschmieren des Brandenburger Tors oder Hausfriedensbruch im Hafen von Emden[2].

Stadträte[3], Universitätspräsidenten[4] und sogar das EU-Parlament[5] rufen »Klimanotstände« aus. Mit den Notstandsverkündungen werden Verantwortliche aufgefordert, »dass alle ihre politischen und planerischen Entscheidungen auf die Erfordernisse des Klimaschutzes hin geprüft werden und zukünftige Beschlüsse mit ihm in Einklang gebracht werden müssen[6].«

Häufig belegen Klimaaktivisten Menschen, die ihre Meinung nicht teilen, mit politischen Kampfbegriffen wie »Klimaleugner« oder »Umweltsau« und unterstellen ihnen Verantwortungslosigkeit gegenüber künftigen Generationen. Die KI-Software ChatGPT, deren »Denkweise« ein Abbild des öf-

fentlichen Meinungsgefüges ist, listet auf meine Frage nach
der Systematik der Methoden der Klimawandelleugnung die
stattliche Zahl von sechs Kategorien und fünfzehn Unterkate-
gorien auf – ein Indiz für gesellschaftlichen Zwiespalt.

Ein anderer Teil der Deutschen sieht die Themen Klima und
Energie ganz anders. Viele halten den Klimawandel zwar für
real und sprechen sich im Grundsatz auch für eine langfristige
Abkehr von fossilen Energieträgern aus. Doch widersprechen
sie der These, es handle sich um das dringlichste Problem der
Zivilisation. Sie verweisen darauf, dass in keinem Bericht des
Weltklimarates IPCC von einer existenziellen Bedrohung für
die Menschheit die Rede ist.

Auch lehnen sie es ab, Milliarden an Steuergeldern in
»Große Transformationen« zu investieren, weil diese Gelder
nach ihrer Meinung besser in Bildung und Infrastruktur an-
gelegt sind – einschließlich Klimaanpassungsmaßnahmen wie
der Begrünung von Städten oder der Installation von Klimaanlagen in Gebäuden. Diese Gruppe möchte sich ihren Lebens-
stil nicht vom Staat vorschreiben lassen. Sie will unbehelligt
Fleisch essen, SUV fahren und nach Bali in den Urlaub fliegen.
Die Bürger argumentieren, dass Deutschland weniger als zwei
Prozent des weltweiten Ausstoßes von CO_2 verantwortet und
China fast jede Woche ein neues Kohlekraftwerk in Betrieb
nimmt. Einige Vertreter bezeichnen ihre Gegenspieler ihrerseits wenig schmeichelhaft als »Grüne Khmer« oder »Klima-
terroristen«. Deren alarmistische Berichterstattung nennen
sie »Klimahysterie«. Viele kritisieren »Landschaftszerstörung«
durch den Neubau von Windkraftanlagen.

Manche halten den menschengemachten Klimawandel gar
für Spinnerei oder Propaganda. Obwohl ich diese Auffassung
nicht teile, halte ich es im Rahmen von Meinungs- und Reli-
gionsfreiheit für legitim, solche Meinungen zu vertreten und
öffentlich zu äußern. Einige Klimaschutzkritiker behaupten,
Klimapolitik sei in Wirklichkeit ein Vehikel für den Weg in ein
totalitäres System oder eine Gelehrtendiktatur. Sie sehen eine

Analogie zwischen dem Missbrauch der Wissenschaft während der Coronapandemie für die Rechtfertigung schwerwiegender Eingriffe in Freiheitsrechte einerseits und der Instrumentalisierung von Klima- und Energieforschung für Freiheitsbeschränkungen im Namen des Klimaschutzes andererseits. Nach meiner Wahrnehmung vertieft sich die gesellschaftliche Spaltung in den Jahren seit der Coronapandemie, anstatt abzunehmen.

Gibt es einen Weg, diese Spaltung zu überwinden?

1.2 Energiegipfel statt Energiewende 2.0

Viele Befürworter meinen, die Energiewende sei nur schlecht organisiert. Man hätte sie nicht beherzt angepackt. »Wir brauchen jetzt eine »Energiewende 2.0!« Organisiert von klugen Wissenschaftlern, unideologischen Politikern und visionären Unternehmern. Mitgetragen von einer einsichtigen Bevölkerung. Oft zu hören ist auch die These, man müsse den Menschen »da draußen« Klimaschutz und Energiewende nur besser erklären. Auf meine Frage nach seinem Rezept gegen die Spaltung der Bevölkerung antwortete der Vater des Erneuerbare-Energien-Gesetzes Hans-Josef Fell im August 2024, er würde eine großangelegte Informationskampagne befürworten, mit der man der Bevölkerung die Gefahr des Klimawandels und die Chancen der Energiewende umfassend erklärt.

Zahlreiche Kritiker meinen hingegen, die deutsche Energiewende sei gescheitert. Ein Neustart in Form einer staatlich organisierten »Energiewende 2.0« sei ähnlich erfolgversprechend wie der »Sozialismus 2.0«. Sie plädieren hingegen für ein »Ende der Klimaplanwirtschaft«, einen Stopp des Baus von Windkraftanlagen, für die Abschaffung von Subventionen für erneuerbare Energien, für die Weiternutzung fossiler Energieträger und für den Wiedereinstieg in die Nutzung der Kernenergie.

Es scheint schwierig, zwischen diesen unversöhnlichen Fraktionen Frieden zu schließen. Doch ist es wirklich unmöglich? Ich bin überzeugt: Wir Deutschen müssen weder auf Wind- und Sonnenenergie noch auf Schweinshaxen, SUV und Urlaubsflüge verzichten. Wie soll das funktionieren?

Ich habe mich bei diesem Buch von zwei Erfolgskapiteln deutscher Geschichte leiten lassen. Von der Versöhnung verfeindeter Religionen im Westfälischen Frieden von 1648 und vom Wirtschaftswunder der alten Bundesrepublik, welches durch die Befreiung der Bürger und Unternehmer von staatlicher Gängelung eingeläutet worden war. Die zentrale These meines Friedensplans lautet, dass der Schlüssel für die Befriedung des gesellschaftlichen Konflikts in einer Einigung über die Rolle des Staates in Energie- und Klimapolitik liegt.

Der deutsche Staat hat sich während der 70 Jahre seit dem Atomeinstieg 1955 intensiv in der Energiepolitik engagiert. In den vergangenen 30 Jahren hat sich die Klimapolitik zu einem zusätzlichen Betätigungsfeld für Politiker gemausert. Über Erfolg oder Misserfolg staatlicher Weichenstellungen zu Energie und Klima gehen die Einschätzung in der Bevölkerung weit auseinander.

Ich halte es für aussichtslos, diesen Widerspruch zu befrieden, indem eine der beiden Seiten die andere von ihrem Standpunkt überzeugt – ebenso wie es in den 500 Jahren seit der Reformation keine Einigung zwischen evangelischer und katholischer Kirche gegeben hat. Eine Bekehrung der Klimakritiker-Fraktion zu ambitioniertem Klimaschutz halte ich für ebenso unwahrscheinlich wie die Einführung des Zölibats in der evangelischen Kirche. Und vermutlich wird die katholische Kirche eher eine Päpstin wählen, als dass sich ein Klimakleber davon abbringen lässt, den Klimawandel für die größte Herausforderung der Menschheit zu halten.

Auch freie Wahlen – eigentlich der Königsweg zum Interessensausgleich in einem demokratischen Rechtsstaat – sind vermutlich für die dauerhafte Auflösung eines so tiefgreifen-

den und verhärteten Zerwürfnisses ungeeignet. Gewinnt eine
Seite bei einer Wahl die Oberhand, wird sie als Erstes eifrig
die aus ihrer Sicht falschen Klima- und Energiegesetze der
Vorgängerregierung aufheben oder entschärfen, um nach vier
Jahren in der nächsten Wahlperiode zuschauen zu dürfen, wie
ihre politische Konkurrenz in einer Nachfolgeregierung alle
Entscheidungen wieder zurückdreht. Dieses Hin und Her bewirkt das genaue Gegenteil der Berechenbarkeit, die sich Bürger und Unternehmer eigentlich wünschen.

Nach meiner Überzeugung liegt der Schlüssel zur Lösung
des gesellschaftlichen Konflikts darin, die Rolle des Staates
in strittigen Fragen wie Energie und Klima grundsätzlich zu
überdenken. Um dem Staat eine angemessene Rolle zuzuwei-
sen, schlage ich einen Energiegipfel ähnlich den Westfälischen
Friedensverhandlungen vor.

Bevor dieser eines Tages tatsächlich stattfinden wird, stelle
ich mit dem vorliegenden Buch ein Gedankenexperiment über
den möglichen Verlauf eines solchen Gipfeltreffens vor. Der
Energiegipfel sei ein mehrtägiges Treffen, bei dem sich Vertreter der unterschiedlichen politischen Strömungen zusammensetzen und über einen möglichen Weg in einen Energie-
und Klimafrieden verhandeln. Um dem Ereignis Richtung und
Struktur zu geben, schlage ich einen vierstufigen Verhand-
lungsablauf vor.

1.3 Energiegipfel: Die Arbeitsaufgaben

Die Verhandlungen des hypothetischen Energiegipfels könnten in vier Schritten erfolgen. In einem ersten Schritt in
Kapitel 2 bekommen die Gipfelteilnehmer die Aufgabe, die
wichtigsten Fakten über acht staatliche Entscheidungen der
vergangenen 70 Jahre zusammenzutragen, die die Energie-
und Klimapolitik Deutschlands geprägt haben. Ähnlich wie
die Beweisaufnahme in einem Gerichtsverfahren ist diese

Aufgabe darauf beschränkt, Fakten zu sammeln und Experten anzuhören, ohne die politischen Maßnahmen zu bewerten.

Als zweiten Schritt sollen die Gipfelteilnehmer in Kapitel 3 die Frage beantworten, wie die Energieversorgung Deutschlands heute aussähe, wenn es in der Vergangenheit weder energie- noch klimapolitische Maßnahmen gegeben hätte – abgesehen von Antimonopol- und Emissionsschutzgesetzen. Diese beiden Instrumente werden selbst von eingefleischten Libertären akzeptiert, weil sie Eigentum und öffentliche Ordnung schützen. Schritt zwei dient dazu, einen Vergleichsmaßstab herzustellen. An diesem kann dann die tatsächliche Politik bewertet werden.

Aufwändigster Teil des Energiegipfels ist der dritte Schritt in Kapitel 4. Hier erhalten die Teilnehmer die Aufgabe: »Bitte analysieren Sie für jede der acht Maßnahmen, wie sie sich auf Versorgungssicherheit, Bezahlbarkeit und Umweltverträglichkeit der Energieversorgung im Vergleich zu einem hypothetischen Deutschland ohne Energie- und Klimapolitik ausgewirkt hat.« Das ergibt 24 Fragen, deren Beantwortung intensive Diskussionen erfordern würde. Aus den Antworten ergibt sich eine Bilanz aus 70 Jahren deutscher Energie- und Klimapolitik.

Nachdem diese Bilanz vorliegt, kommt als vierter Schritt in Kapitel 5 der kreative Teil des Konvents mit der Aufgabe: »Leiten Sie aus dieser Bilanz einen Friedensplan ab, der für alle Gipfelteilnehmer annehmbar ist.« Auf diese Frage werde ich eine Antwort formulieren – den Friedensplan für Energie und Klima –, von dem ich mir vorstelle, er sei für alle sechs stimmberechtigten Verhandlungspartner annehmbar. Neben dieser Antwort werde ich auch meine eigene Position offenlegen, die vom dargestellten politischen Kompromiss etwas abweicht.

Über den spekulativen Charakter meiner Überlegungen bin ich mir im Klaren. Ich nehme deshalb das Risiko auf mich, dass mein Friedensplan möglicherweise anders aussieht als ein tatsächliches Verhandlungsergebnis. Wenn diese Arbeit allerdings als Anregung für einen oder mehrere tatsächliche Energiegipfel auf nationaler, kommunaler oder auf Familienebene dient, ist der Zweck des Buches erfüllt.

1.4 Energiegipfel: Die Verhandlungsdelegationen

Um unserer Analyse ein menschliches Gesicht zu verleihen, stellen wir uns in Analogie zu den Westfälischen Friedensverhandlungen einen runden Tisch vor. Zur Vermeidung der Begriffe links und rechts teile ich die Vertreter des politischen Spektrums holzschnittartig in eine ökologisch-soziale (ÖS) und in eine freiheitlich-konservative (FK) Fraktion. Jede entsendet eine kleine Zahl an Vertretern. Die fiktiven Delegationen der beiden Seiten sollten deutlich schlanker sein als die Hundertschaft bei den Westfälischen Friedensverhandlungen. Drei stimmberechtigte Vertreter pro Fraktion zuzüglich eines Moderatorenduos ohne Stimmrecht ergäbe eine überschaubare Zahl von acht Personen. Die stimmberechtigten Vertreter würden jeweils vom Volk gewählt, allerdings getrennt nach jeweils einer Liste von ÖS und FK.

In den beiden Delegationen sollte je eine Stimme von Bürgern, Unternehmern und Wissenschaftlern vertreten sein. Politiker gehören nach meiner Auffassung nicht auf die Teilnehmerliste. Um unserem Gipfel – zumindest theoretisch – Strahlkraft und Unterhaltungswert zu verleihen, sollten die Teilnehmer eine gewisse öffentliche Bekanntheit besitzen. Deshalb würde ich die Bürger durch Journalisten vertreten lassen. Die Journalisten sollten ihre jeweiligen Anhänger unter den vielen unbekannten arbeitenden Bürgern, die unser Land durch ihren Fleiß am Laufen halten, angemessen repräsentieren. Bei den Unternehmern würde ich solche auswählen, deren Leistung im weitesten Sinne des Wortes mit Energie, Umwelt oder Mobilität in Verbindung steht und die – zumindest zeitweise – durch unternehmerisches Geschick den Wert ihres Unternehmens gemehrt haben. Bei den Wissenschaftlern würde ich auf Ökonomen und Energiefachleute setzen und keine reinen Klimaforscher einladen. Letzteres ist dadurch begründet, dass der Klimawandel weitgehend unbestritten ist und für den Energiegipfel nicht zur Debatte steht.

Wen würden Sie, liebe Leser, für die Friedensverhandlungen nominieren? Meine Vorschlagsliste mit drei Kandidaten pro Posten sieht so aus:

Für den Wissenschaftlerposten der ökologisch-sozialen Fraktion würde ich zur Abstimmung stellen: den Energieforscher Hans-Martin Henning, Professor für Solare Energiesysteme an der Universität Freiburg und Direktor des Fraunhofer-Instituts für Solare Energiesysteme, den Ökonomen Ottmar Edenhofer, Professor für die Ökonomie des Klimawandels an der TU Berlin und Direktor des Potsdamer Instituts für Klimafolgenforschung und den Physiker Armin Grunwald, Professor für Technikphilosophie am Karlsruher Institut für Technologie KIT und Leiter des Instituts für Technikfolgenabschätzung und Systemanalyse. Für die Wissenschaftlerposition der freiheitlich-konservativen Fraktion würde ich für die Abstimmung nominieren: Den Ökonomen Hans-Werner Sinn, emeritierter Professor für Volkswirtschaftslehre an der Ludwig-Maximilians Universität München und Ex-Präsident des ifo-Instituts, den Energieforscher Michael Beckmann, Professor für Energieverfahrenstechnik der TU Dresden und Organisator des Dresdner Kraftwerkstechnischen Kolloquiums sowie den Ökonomen Stefan Kooths, Professor für Volkswirtschaftslehre und Leiter des Prognosezentrums der Universität Kiel.

Für den Unternehmerplatz der ÖS-Fraktion würde ich zur Auswahl stellen: Josef Kallo, Gründer des Stuttgarter Unternehmens H2FLY GmbH für Brennstoffzellen-Flugzeugantriebe, Frank Asbeck, Gründer der SolarWorld AG, und Christoph Ostermann, Gründer der Sonnen GmbH für Batteriespeicher. Für die FK-Fraktion würde ich zur Abstimmung

stellen: Jürgen Großmann, ehemaliger RWE-Vorstandsvor-
sitzender und Alleinaktionär der Stahlgruppe Georgsmarien-
hütte, Regine Sixt, Vizepräsidentin des Mobilitätsdienst-
leisters Sixt SE und Vorstandsvorsitzende der Regine Sixt
Kinderhilfe Stiftung sowie Wolfgang Reitzle, ehemaliger Vor-
standsvorsitzender der Linde AG.

Als Journalisten und Medienvertreter würde ich für die ÖS-
Fraktion nominieren: Heribert Prantl, Journalist für die *Süd-
deutsche Zeitung*, Professor Harald Lesch, Astrophysiker und
Fernsehmoderator, sowie Mai Thi Nguyen-Kim, Wissenschafts-
kommunikatorin und Youtuberin mit 1,5 Millionen Abon-
nenten. Für die FK-Fraktion nominiere ich: Roland Tichy,
Chefredakteur des Magazins *Tichys Einblick*, Axel Bojanowski,
Wissenschaftsjournalist bei der Tageszeitung *Die Welt* sowie
Marc Friedrich, Bestsellerautor und Youtuber mit einer halben
Million Abonnenten.

Das Moderatorenteam erlaube ich mir eigenmächtig und
ohne Volksbefragung zusammenzustellen: Mein Wunschpaar
wären die ehemalige Fernsehmoderatorin Sabine Christiansen
sowie die Wissenschaftlerin Sabine Hossenfelder, Physikerin
und Youtuberin mit 1,5 Millionen Abonnenten.

Christiansen hat während ihrer aktiven Zeit unter anderem
die TV-Kanzlerduelle zwischen Bundeskanzler Gerhard Schröder und seinem Herausforderer Edmund Stoiber im Jahr 2002
sowie zwischen Bundeskanzler Gerhard Schröder und seiner
Herausforderin Angela Merkel im Jahr 2005 moderiert. Sie
besitzt damit unzweifelhaft das publizistische Format, einen
Verhandlungsgipfel von nationaler Bedeutung zu moderieren.

Hossenfelder erreicht mit ihren populärwissenschaft-
lichen Videos ein Millionenpublikum und gibt überdies wert-
volle Ratschläge für lebenswichtige Herausforderungen des
Alltags. In ihrem Video[7] über Kernenergie warnt sie zum Beispiel:»Wenn Sie zufällig ein Gramm eines unbenutzten Kern-
brennstabs essen, erhalten Sie [nur] etwa 1,3 Millisievert [...]
Der frische Atommüll gebrauchter Stäbe ist hingegen [...]

10 000 Mal radioaktiver. Ein Gramm würde Sie wahrscheinlich in ein paar Wochen umbringen. Essen Sie also bitte keine
gebrauchten Kernbrennstäbe!«

Die beiden Moderatorinnen besitzen allem Anschein nach
keine energie- und klimapolitischen Ambitionen. Auch habe
ich von ihnen keine Äußerungen wahrgenommen, die eine
ausgeprägte Parteinahme für eine der beiden Fraktionen erkennen ließen. Damit sind die beiden Damen für den Gipfel
bestens aufgestellt.

1.5 Energiegipfel: Die Spielregeln

Im ersten Schritt tragen die Verhandlungsführer die ihnen
wichtig erscheinenden Fakten zu den acht Staatsprojekten zusammen. Die Sammlung von Informationen kann bei einem
echten Energiegipfel von externen Berichterstattern ergänzt
werden. Im vorliegenden Fall werden diese Externen durch die
Autoren der in Kapitel 2 zitierten Literaturverweise verkörpert. In diesem Schritt steht es jeder Seite frei, alle ihr wichtigen Zahlen und Fakten auf den Tisch zu legen, unabhängig
davon, ob die Gegenseite diese Informationen ebenfalls als
bedeutsam anerkennt.

Zu den Spielregeln des ersten Tagesordnungspunktes gehört auch, dass keine der Seiten Bewertungen vornimmt. In
diesem Tagesordnungspunkt gibt es keine Abstimmungen.
Die Rolle der Moderatorinnen würde im Wesentlichen darauf
beschränkt sein, die professoralen Mitglieder von überlangen
Monologen abzuhalten und auf eine ausgewogene Verteilung
der Redezeiten zu achten.

Im zweiten Schritt führen beide Parteien das Gedankenexperiment durch, wie es mit der Versorgungssicherheit, mit
der Bezahlbarkeit und mit der Umweltverträglichkeit der heutigen Energieversorgung bestellt wäre, wenn sich der Staat in
der Vergangenheit weder mit Energie noch mit Klima beschäf-

tigt hätte. Dabei käme jedes der sechs stimmberechtigten Mitglieder mit einem Kurzreferat zu Wort. Aus diesen Einzelbeiträgen müsste die Gruppe mit Unterstützung der Moderatorinnen ein Gesamtbild erarbeiten. Ich würde für diesen Tagesordnungspunkt keine großen Kontroversen erwarten. Das Resultat müsste dennoch in einer Abstimmung mit einfacher Mehrheit angenommen werden.

Der anspruchsvollste Teil der Verhandlungen dürfte der dritte Tagesordnungspunkt – Kapitel 4 – sein, in dem sich die beiden Parteien auf Antworten zu den 24 Fragen einigen müssten. Sie müssten für jede der acht Maßnahmen drei Fragen beantworten, nämlich ob sie sich die Staatsprojekte auf Versorgungssicherheit, Bezahlbarkeit und Umweltverträglichkeit gut, schlecht oder unentschieden ausgewirkt hätten.

Zu jeder der Fragen könnte jedes stimmberechtigte Mitglied der Verhandlungsgruppen eine eigene Einschätzung vortragen. Unter Leitung der Moderatorinnen müssten sich die Parteien auf eine einvernehmliche Antwort einigen. Ist eine Einigung nicht herbeizuführen, würde eine einfache Mehrheit für ein Abstimmungsergebnis reichen. Im Fall von Stimmengleichheit wird die betreffende Frage mit »unentschieden« beantwortet. Dies führt dazu, dass die Prädikate »besser« oder »schlechter« für eine politische Maßnahme nur vergeben werden können, wenn sich mindestens ein Mitglied einer Fraktion mit seiner Meinung auf die Seite der anderen Fraktion stellt.

Die Spielregeln für Kapitel 5, in dem der Friedensplan formuliert wird, würden bei einem echten Energiegipfel darin bestehen, dass der Friedensplan von allen sechs stimmberechtigten Mitgliedern einvernehmlich angenommen werden muss. Gibt es kein Einvernehmen, ist der Gipfel gescheitert. Für unseren fiktiven Gipfel formuliere ich einen Friedensplan, von dem ich mir vorstellen könnte, dass er von beiden Seiten akzeptiert werden könnte. Ob dies der Fall ist, lässt sich erst nach Durchführung eines echten Energiegipfels entscheiden.

1.6 Für eilige Leser

Während die Kapitel 1, 3 und 5 kurz und ohne Fachwissen über Energie und Klima verständlich sind, enthalten die arbeitsintensiven Kapitel 2 und 4 zahlreiche Zahlen, Fakten und teilweise subtile Analysen. Für ein umfassendes Verständnis des Friedensplans sowie für eilige Leser oder solche ohne Interesse an fachlichen Details sind diese Einzelheiten nicht unbedingt notwendig.

Bei Kapitel 2 reicht es aus, zu Beginn jedes Abschnitts die kurze Rubrik »Worum geht es?« zu lesen. Dort findet sich eine allgemeinverständliche Darstellung der betreffenden politischen Maßnahme ohne schwer verdauliche Zahlen und technische Details. Danach können Sie direkt zu Kapitel 3 springen. In Kapitel 4 ist es für eilige Leser ausreichend, die vollständige Bewertungstabelle 14 sowie die Gesamtschau in Form von Tabelle 15 zu studieren. Danach können Sie direkt mit Kapitel 5 fortfahren.

2. Rückblick: Acht Staatsprojekte für Energie und Klima

Der frühere Bundeskanzler Helmut Kohl wird oft mit den Worten zitiert: »Wer die Vergangenheit nicht kennt, kann die Gegenwart nicht verstehen und die Zukunft nicht gestalten.« Jede Entscheidung über künftige energie- und klimapolitische Maßnahmen sollte deshalb mit einer Analyse der Vergangenheit beginnen. Dies ist die erste Aufgabe für die Teilnehmer unseres Energiegipfels.

Die Regierung der Bundesrepublik Deutschland hat sich seit ihrer Existenz umfassend auf dem Gebiet der Energiepolitik betätigt. (Die Energiepolitik der DDR ist nicht Gegenstand des Energiegipfels, weil man ihr zwar Umweltschäden anlasten kann, jedoch nicht die heutige gesellschaftliche Spaltung.) Vor etwa 30 Jahren kamen klimapolitische Maßnahmen hinzu. Aus der Vielfalt an Verordnungen, Gesetzen und staatlichen Maßnahmen habe ich die nach meiner Meinung acht wichtigsten ausgewählt. Sie haben entweder die heutige Energiesituation geprägt oder befeuern wegen ihres umstrittenen Charakters die Spaltung der Gesellschaft.

Diese Staatsprojekte werden die beiden Verhandlungsdelegationen des Energiegipfels näher beleuchten: (1) den Atomeinstieg im Jahr 1955, (2) den Atomausstieg im Jahr 2023, (3) die Kohlesubventionen von 1974 bis 2018, im Folgenden als »Kohlepfennig« bezeichnet, (4) den für das Jahr 2038 beschlossenen Kohleausstieg, (5) die Erdgasröhrengeschäfte zwischen der Bundesrepublik Deutschland und der Sowjetunion von 1970 bis Ende der 1980er-Jahre, im Folgenden als »Gasgeschäfte« bezeichnet, (6) die Einschränkung der Erdgasimporte aus Russland im Zuge des Ukrainekrieges seit 2022, (7) die Subventionen im Rahmen des Erneuerbare-Energien-Gesetzes EEG seit dem Jahr 2000 sowie (8) technologiespezifische Verbote wie das de-facto-Verbot von Gas- und Ölheizungen durch das Gebäudeenergiegesetz GEG (im Volksmund »Heizgesetz«) aus dem Jahr 2023 und das für 2035 geplante Aus für Verbrennungsmotoren. Diese Maßnahmen werden mit der Kurzbezeichnung »Verbote« versehen.

Den Einstieg Deutschlands in die Petrochemie sowie die Schaffung des europäischen CO_2-Zertifikatehandelssystem EU-ETS werden wir hier nicht betrachten. Im ersten Fall handelt es sich zwar um eine energetisch bedeutsame Entwicklung. Da sie jedoch weder für nennenswerte gesellschaftliche Kontroversen noch für finanzielle Belastungen des Staatshaushalts gesorgt hat, ist sie für diese Analyse ohne Bedeutung. Im zweiten Fall handelt es sich um eine EU-weite Entwicklung, bei der der deutsche Staat in weitaus geringerem Maß der Treiber war als bei den ausgewählten acht Projekten.

Der erste Tagesordnungspunkt unseres Energiegipfels ähnelt der Beweisaufnahme in einem Gerichtsverfahren oder der Literaturrecherche zu Beginn einer Doktorarbeit. Die beiden Verhandlungsdelegationen haben die Aufgabe, die Eckdaten der acht Staatsprojekte zusammenzutragen, allerdings ohne ihre Wirkungen zu bewerten. In Kapitel 4 werden die Gipfelteilnehmer dann für jede Maßnahme die Frage erörtern, wie sie sich auf Versorgungssicherheit, Bezahlbarkeit und Umweltverträglichkeit der heutigen Energieversorgung auswirkt. Diese drei Kriterien werden als energiepolitisches Zieldreieck bezeichnet.

Bei einem echten Energiegipfel würde die Faktensammlung in Form von Kurzreferaten der Mitglieder der beiden Verhandlungsdelegationen sowie durch Vorträge externer Fachleute erfolgen. Auf unserem fiktiven Gipfel versuche ich, die mutmaßlichen Positionen der Verhandlungsführer mit meinen Worten angemessen darzustellen. Die externen Experten treten hingegen als Autoren der zitierten Fachartikel und Bücher in Erscheinung.

Wer sich in der Geschichte der deutschen Energie- und Klimapolitik bereits auskennt oder kein Interesse an historischen Details und an Zahlenmaterial verspürt, kann dieses Kapitel überspringen und direkt bei Kapitel 3 weiterlesen. Wer sich über die Projekte zumindest einen groben Überblick verschaffen will, kann zu Beginn jedes Abschnitts die Einführungspassage »Worum geht es?« lesen und dann zu Kapitel 3 übergehen.

2.1 Atomeinstieg

Worum geht es?

Als Atomeinstieg wollen wir den Zeitraum von der Gründung des Atomministeriums 1955 bis zur vollständigen Etablierung der Kernenergie in den 1980er-Jahren bis kurz vor der deutschen Wiedervereinigung 1990 verstehen. In dieser Zeit erfolgten Planung, Bau und Inbetriebnahme des deutschen Kernkraftwerksparks. Am 20. Oktober 1955 ließ Bundeskanzler Konrad Adenauer das Bundesministerium für Atomfragen gründen. Am gleichen Tag ernannte der Bundeskanzler Franz-Josef Strauß zum ersten Atomminister. Am 23. Dezember 1959 wurde das Atomgesetz[8] verabschiedet.

Mit der Inbetriebnahme des Versuchskraftwerks Kahl begann in der Bundesrepublik im Jahr 1961 die Nutzung der Kernenergie für die Stromerzeugung. In den 1980er-Jahren war der Aufbau der Kernenergie und damit auch der Atomeinstieg der alten Bundesrepublik abgeschlossen. Mit dem Kraftwerk Rheinsberg stieg die DDR im Jahr 1966 in die Kernenergie ein. Im Jahr 1974 nahm das DDR-Kernkraftwerk Lubmin seinen Betrieb auf. 1982 begann die DDR mit dem Bau des Kernkraftwerks Stendal, welches jedoch nie in Betrieb ging. Die Nutzungsphase der Kernenergie endete am 16. April 2023 mit dem deutschen Atomausstieg.

Ein Blick auf die Daten

Vor dem Blick in die Geschichte des Atomeinstiegs ist es erhellend, einige Zahlen über Stromproduktion, vermiedene
CO_2-Emissionen und Subventionen zusammenzutragen. Dabei ist freilich zu beachten, dass die hierzu verfügbaren Informationen teilweise widersprüchlich und zum Teil mit großer
Unsicherheit behaftet sind.

Weitgehend unstrittig ist die kumulierte Stromproduktion der Kernkraftwerke. Nach Aussagen der Gesellschaft für
Reaktorsicherheit[9] erzeugten die 37 deutschen Kernreaktoren während ihrer Laufzeit ungefähr 5600 Terawattstunden
elektrische Energie. Das entspricht ungefähr dem Zehnfachen
des derzeitigen deutschen Jahresstromverbrauches oder dem
Hundertfachen der Stromproduktion aller deutschen Photo-
voltaikanlagen[10] im Jahr 2022. Legt man die 5600 Terawattstunden auf rund 50 Jahre Reaktorbetrieb von 1970 bis 2020
um, so ergeben sich pro Jahr etwa 100 Terawattstunden – das
sind ungefähr 20 Prozent des heutigen jährlichen Stromver-
brauchs in Höhe von 500 Terawattstunden.

Die Berechnung der durch den Betrieb der Kernkraftwerke
vermiedenen CO_2-Emissionen ist hingegen mit Unsicherheit
verbunden. Dies liegt daran, dass man hierfür eine Annahme
darüber treffen muss, wie hoch die Emissionen ohne die Existenz von Kernkraftwerken gewesen wären.

Die Vertreter der freiheitlich-konservativen (FK) Verhandlungsdelegation würden bei einem Energiegipfel vermutlich
folgende Berechnung zugunsten der Kernenergie vornehmen.
Sie würden annehmen, der erzeugte Strom wäre ohne die Existenz von Kernkraftwerken allein durch Kohleverstromung
erzeugt worden. Bei der Erzeugung einer Kilowattstunde
Kohlestrom entsteht ungefähr ein Kilogramm CO_2. Eine Kilowattstunde elektrische Energie aus deutschen Kernkraftwerken zieht hingegen nur rund sieben Gramm[11] CO_2-Emissionen
nach sich. Da sieben Gramm gegenüber einem Kilogramm

vernachlässigbar sind, hätte unter dieser Annahme jede Kilowattstunde elektrischer Energie aus Kernenergie rund ein Kilogramm an CO_2-Emissionen vermieden. Die produzierten 5600 Terawattstunden hätten dann zur Einsparung von rund 5,6 Milliarden Tonnen CO_2 geführt. Das entspricht etwa dem Achtfachen der heutigen jährlichen CO_2-Emissionen Deutschlands.

Die ökologisch-soziale (ÖS) Verhandlungsdelegation würde bei der Bestandsaufnahme möglicherweise eine Rechnung zuungunsten der Kernenergie vorlegen. Sie würde annehmen, jede Kilowattstunde aus Kernenergie hätte statt der obigen 1000 Gramm nur 362 Gramm an CO_2 eingespart. Die Zahl 362 ist die Differenz zwischen dem niedrigsten bislang in Deutschland gemessenen CO_2-Emissionsfaktor in Höhe von 369 g/kWh[12] (im Jahr 2020) und den oben zitierten CO_2-Emissionen deutscher Kernkraftwerke in Höhe von 7 g/kWh. In der Zahl 369 stecken die Emissionen aller zum betrachteten Zeitpunkt zugeschalteten Energiequellen. Die pessimistische Schätzung der vermiedenen CO_2-Emissionen würde somit einen Wert von zwei Milliarden Tonnen CO_2 liefern. Dies entspricht knapp dem Dreifachen der heutigen jährlichen CO_2-Emissionen Deutschlands.

Noch stärker umstritten als die vermiedenen CO_2-Emissionen dürfte die Höhe der Subventionen in die Kernenergie sein. Die FK-Fraktion würde behaupten, die Kernenergie sei in Deutschland überhaupt nicht subventioniert worden. Sie könnte dabei auf eine parlamentarische Anfrage[13] des Bundestagsabgeordneten Dr. Paul Laufs (CDU/CSU) verweisen. Er fragte im Jahr 2001: »Wie viele Kilowattstunden (kWh) elektrischen Stroms sind bisher in Deutschland in Leichtwasserreaktoren erzeugt und in öffentliche Netze eingespeist worden, und wie hoch waren die durchschnittlichen direkten und indirekten Subventionen je kWh aus öffentlichen Haushalten?«

Der parlamentarische Staatssekretär Siegmar Mosdorf (SPD) antwortete darauf am 15. Januar 2002: »In Deutschland sind bisher in Leichtwasserreaktoren ca. 3225 Milliarden kWh erzeugt und in öffentliche Netze eingespeist worden. Subventionen für die kommerzielle Stromerzeugung aus Kernenergie gab es nicht. Allerdings wurde die Forschung auf dem Gebiet der Kernenergie durch öffentliche Mittel unterstützt.«

Die ÖS-Fraktion würde im Gegensatz dazu ein Dokument[14] des Forums Ökologisch-Soziale Marktwirtschaft im Auftrag von Greenpeace Energy mit dem Titel »Gesellschaftliche Kosten der Atomenergie in Deutschland« zitieren. Dort finden sich auf Seite 7 in Abbildung 1 für die »gesamte Förderung 1955-2022« ein auf die Kaufkraft von 2019 umgerechneter Betrag von 287,2 Milliarden Euro. Die Autoren sprechen bei dem zitierten Betrag nicht ausdrücklich von Subventionen. Sie erwecken jedoch mit Begriffen wie »Regelungen mit Subventionswirkung« den Eindruck, der Staat hätte die Kernenergie mit einem hohen dreistelligen Milliardenbetrag subventioniert.

Vor diesem Hintergrund ist festzustellen, dass eine verlässliche Berechnung der Subventionen der Kernenergie nicht existiert. Keiner der von den konträren Verhandlungsparteien genannten Extremwerte zwischen 0 und 287 Milliarden Euro spiegelt nach meiner Einschätzung die kumulierten Subventionen in die Kernenergie wahrheitsgemäß wider. Hätte man die Autoren Radkau und Hahn des weiter unten zitierten Buches über die Geschichte der Kernenergie in Deutschland als externe Experten eingeladen, würden sie diese Einschätzung vermutlich teilen.

Die kernenergiefreundliche Behauptung über eine totale Subventionsfreiheit ist nicht korrekt. Es ist zwar richtig, die staatliche Finanzierung der beiden Kernforschungszentren Karlsruhe und Jülich nicht als Subvention einzuordnen. Denn die staatliche Finanzierung von Universitäten und Forschungseinrichtungen stellt nach internationaler Konvention keine Subvention dar.

Jedoch haben die Kernforschungszentren mit staatlichen Geldern Demonstrationsanlagen gebaut, die nach meiner

Erfahrung deutlich über den Zuständigkeitsbereich staatlich finanzierter Großforschung hinausgehen. So wurde beispielsweise der Kugelhaufenreaktor AVR mit einer thermischen Leistung von 46 Megawatt an der damaligen Kernforschungsanlage Jülich weitgehend aus Steuermitteln finanziert und dort von 1967 bis 1988 betrieben. Eine so praxisnahe Anlage mit einer für einen Demonstrationszweck relativ hohen Leistung hätte unter marktwirtschaftlichen Bedingungen von der Industrie bezahlt und betrieben werden müssen.

Aus diesem Grunde ist es meines Erachtens gerechtfertigt, einen Teil der damals in die Kernforschungszentren und ihre Projekte geflossenen Forschungsförderung als eine indirekte Subvention der Industrie zu interpretieren. Von den 68,4 Milliarden Euro staatlicher Forschungsförderung, die das Forum Ökologisch-Soziale Marktwirtschaft im zitierten Dokument angibt, würde ich deshalb ein Drittel in die Kategorie Quasi-Subvention einordnen. Das wären rund 20 Milliarden Euro. An dieser Einschätzung ändert auch die Tatsache nichts, dass der AVR später keine industrielle Nutzung gefunden hat. Weitergehende Subventionsvermutungen im gleichen Dokument sind nicht haltbar, weil das Forum Ökologisch-Soziale Marktwirtschaft einen fehlerhaften Subventionsbegriff[15] verwendet. Der tendenziell eher kernenergiekritische Technikhistoriker Joachim Radkau teilte mir in einer persönlichen Korrespondenz mit, dass er sich keine Schätzung der Subventionshöhe zutraut.

Die Größenordnung von 20 Milliarden Euro an Kernenergiesubvention wird durch eine Antwort[16] der Bundesregierung (Drucksache 16/993) auf die Kleine Anfrage der Abgeordneten Ulla Lötzer, Hans-Kurt Hill, Dr. Barbara Höll, Dr. Axel Troost und der Fraktion Die Linke aus dem Jahr 2008 bestätigt, wenn man die dort genannten Förderbeträge addiert.

Als Fazit zum Thema Subventionen könnten wir die Hypothese formulieren, die zwei Verhandlungsdelegationen hätten sich beim Energiegipfel auf eine Subvention der Kernenergie

in Deutschland in Höhe eines Betrages in der Größenordnung
von 20 Milliarden Euro verständigt. Da diese Zahl jedoch nicht
explizit in der Analyse von Kapitel 4 auftaucht, wäre es ebenso angemessen, nur holzschnittartig von einem zweistelligen
Milliardenbetrag zu sprechen.

Ein Blick in die Geschichte

Nachdem die Eckdaten erfasst sind, werfen wir einen Blick
auf einige historische Aspekte des Atomeinstiegs. Dazu haben Joachim Radkau und Lothar Hahn das Buch[17] »Aufstieg
und Fall der deutschen Atomwirtschaft« verfasst. Dieses fak-
tenreiche und lesenswerte Werk wird im Folgenden als »Radkau-Hahn« zitiert. Es ist in der Tendenz eher kernenergie-
kritisch und würde vermutlich bei den Ökologisch-Sozialen
größeren Anklang finden als bei den Freiheitlich-Konservativen. Bei einem realen Energiegipfel hätte man die Autoren
Radkau und Hahn als Sachverständige eingeladen. Hier be-
gnügen wir uns naturgemäß mit einigen wenigen Auszügen
aus ihrer Schrift.

Eine erste wichtige Erkenntnis aus der Lektüre lautet: Der
Einstieg der Bundesrepublik Deutschland in die Kernenergie
erfolgte nicht auf Betreiben der Industrie. Weder Energieversorgungsunternehmen noch Kraftwerkshersteller hatten in den 1950er-Jahren Interesse an dieser Technologie.
Radkau und Hahn zeigen anhand zeitgenössischer Quellen
auf, dass der deutsche Atomeinstieg vielmehr – nach heuti-
gem Sprachgebrauch – eine frühe Inkarnation des Spruchs
»follow the science« verkörpert. Die Kernenergie wurde der
Industrie von einer Allianz aus Wissenschaftlern und Politikern geradezu aufgenötigt.

Radkau und Hahn arbeiten in ihrem Buch die Wissen-
schaftler als treibende Kräfte heraus: »Auf internationalem
Parkett bekamen die deutschen Atomphysiker noch lange
Zeit den Groll zu spüren, dass sie eigentlich den Sünden-

1 Maßgebliche Wissenschaftler beim Atomeinstieg

Wissenschaftler	Hintergrund	Rolle
Otto Hahn	Physiker und Nobelpreisträger, Entdecker der Kernspaltung	Einflussreicher Fürsprecher für die friedliche Nutzung der Kernenergie
Werner Heisenberg	Physiker und Nobelpreisträger, Begründer der Quantentheorie	Einflussreicher Fürsprecher für die Kernenergie und Mitglied der »Reaktorbaukommission«
Walther Bothe	Physiker und Nobelpreisträger, Begründer der Koinzidenzmessung	Einsatz für den Wiederaufbau der deutschen Kernforschung und die Gründung des CERN
Carl Friedrich von Weizsäcker	Physiker und Philosoph	Einsatz für die friedliche Nutzung der Kernenergie und Mitinitiator der »Göttinger Erklärung« 1957
Wolfgang Gentner	Physiker und Beschleunigerexperte	Einsatz für die Gründung des CERN, Direktor des Max-Planck-Instituts für Kernphysik Heidelberg
Karl Wirtz	Physiker und Reaktorentwickler	Maßgebliche Beteiligung an der Gründung des Kernforschunszentrums Karlsruhe
Rudolf Schulten	Physiker und Reaktorentwickler	Erbauer des Jülicher Kugelhaufenreaktors AVR
Wolf Häfele	Physiker und Reaktorentwickler	Vater des schnellen Brutreaktors in Deutschland

Wissenschaftler, die beim deutschen Atomeinstieg oder in der frühen Phase der deutschen Kernenergieforschung eine wichtige Rolle spielten.

fall der amerikanischen Atomforschung verschuldet hätten; zugleich war aber – ärger noch – ihre fachliche Kompetenz in Zweifel geraten. Aus dieser Situation heraus ergaben sich bei Heisenberg und anderen Fachkollegen starke persönliche Motive, im Zug des deutschen Wiederaufstiegs die Fähigkeiten der deutschen Wissenschaft auf dem Gebiet der friedlichen Kerntechnik möglichst rasch unter Beweis zu stellen und die Fehler der Kriegszeit – die Zersplitterung der Kräfte und die unzulängliche Zusammenarbeit mit Staat und Industrie – dieses Mal zu vermeiden.«

Es handelt sich beim deutschen Atomeinstieg mithin nicht um eine Überrumpelung des Staates durch finstere Atomlobbyisten. Es war vielmehr ein von deutschen Wissenschaftlern initiierter Vorgang, der sich im Gleichklang mit der internationalen Atom-Euphorie befand. Maßgebliche Treiber des deutschen Atomeinstiegs aus der Wissenschaft waren die Nobelpreisträger Otto Hahn, Werner Heisenberg und Walther Bothe sowie Carl Friedrich von Weizsäcker, Wolfgang Gentner, Karl Wirtz, Rudolf Schulten und Wolf Häfele. Ihre Rollen sind in Tabelle 1 skizziert.

In Radkau-Hahn kommen bemerkenswerte Parallelen zwischen dem politischen Aktivismus von Kernphysikern zugunsten des Aufbaus der Kernenergie in den 1950er-Jahren und dem heutigen Aktivismus von Energie- und Klimaforschern zugunsten des Ausbaus erneuerbarer Energie ans Tageslicht.

Heisenberg und seine Mitstreiter hatten es mit internationaler Unterstützung in den Fünfzigerjahren verstanden, Politiker für ihre Ideen zu begeistern. Es entstand eine Atom-Euphorie, die bis heute im damaligen Modebegriff »Atomzeitalter« nachhallt.

Radkau und Hahn beschreiben die damalige politische Euphorie mit den Worten: »Leo Brandt, der technologiepolitische Vordenker der Sozialdemokratie, schwärmte 1956 auf dem Münchner Parteitag der SPD, wie die Kerntechnik zur Bewässerung von Wüsten, zur Kultivierung der Urwälder und zur Erschließung der arktischen Eiswüsten dienen werde.« Weiter heißt es: »Alle diese Märchen, die damals von dem SPD-Parteitag kritiklos hingenommen wurden und noch in der Präambel zum Godesberger Programm ihre Spuren hinterließen, verblassten in den 1960er-Jahren.«

Dass der atomare Optimismus nicht auf eine Partei beschränkt war, zeigt nach Radkau und Hahn eine Aussage des persönlichen Referenten des CSU-Vorsitzenden Franz-Josef Strauß, dem zufolge »der Hauptwirkungsbereich der Kernenergie auf dem Sektor der gebändigten ›Klein- und Kleinstexplosionen‹ liege, wobei die Kernenergie gigantische Erdkorrekturen, kosmetische Veränderungen der Erdoberfläche möglich mache.«

Praktiker betrachteten, so Radkau und Hahn, das Treiben von Politik und Wissenschaft schon damals mit gebührender Skepsis: »Besonders gereizte Seitenhiebe erteilte Friedrich Münzinger, ein alterfahrener Großkraftwerksbauer der AEG, diesem für einen Ingenieur wie ihn lächerlich dilettantischen Optimismus. Er klagte 1960, die Welt sei ›eine Zeitlang‹ von ›eine(r) Art Atomkraftpsychose‹ ergriffen worden, in der selbst ›ganz kleine‹ Entwicklungsländer, ›in denen Öl beinahe billiger als Wasser ist‹, ›stürmisch den schleunigen Bau von Atomkraftwerken‹ verlangt hätten.«

Nebenbei sei bemerkt, dass die Situation in der DDR etwas anders war. Zwar hatte die Akademie der Wissenschaften der DDR in den Sechzigerjahren ebenfalls ein Kernforschungszentrum gegründet, das Zentralinstitut für Kernforschung Rossendorf (ZfK), heute Helmholtz-Zentrum Dresden-Rossendorf (HZDR). Da die DDR jedoch keine eigene Nuklearindustrie besaß, hatte das ZfK nicht den Anspruch, eigene Reaktorkonzepte zu entwickeln. Die Aufgabe bestand hier vielmehr in der Zuarbeit für sowjetische Kernreaktorentwicklungen. Diese konnte ich von 1987 bis 1990 als Doktorand am ZfK auf dem Gebiet der Natriumtechnik für flüssigmetallgekühlte Brutreaktoren aus nächster Nähe verfolgen. Nach der Wiedervereinigung übernahm der in Tabelle 1 genannte Atom-Veteran Wolf Häfele die kommissarische Leitung des Rossendorfer Forschungszentrums. Ihm verdanke ich ein Empfehlungsschreiben für ein DFG-Habilitationsstipendium an der Princeton-University 1993 – mein einziger persönlicher Kontakt zu den Vätern des deutschen Atomeinstiegs.

Rückblickend lässt sich sagen, dass die beiden westdeutschen Kernforschungszentren Karlsruhe und Jülich zwar innovative Reaktorkonzepte wie den Kugelhaufenreaktor und den Schnellen Brutreaktor entwickelten. Jedoch wurde keines davon je im großen Stil zur Stromerzeugung in Deutschland eingesetzt. Bei den deutschen Leistungsreaktoren handelte es sich entweder um Druck- oder Siedewasserreaktoren. Die hohen Investitionen in öffentliche Forschung sowohl in Ost- als auch in Westdeutschland waren für die kommerzielle Nutzung der Kernenergie auf deutschem Boden von vernachlässigbarem Nutzen.

Mit Blick in die Zukunft lohnt es sich noch, auf eine Analogie zwischen dem damaligen deutschen Atom-Hype, im heutigen Sprachgebrauch »großer gesellschaftlicher Konsens«, und dem heutigen Optimismus über die erneuerbaren Energien hinzuweisen. Die professoralen Visionen vom friedlichen Atom wurden von Politikern quer durch die Parteienlandschaft so dankbar und unkritisch angenommen, wie heutzutage die Legende von Sonne und Wind, die angeblich keine Rechnung schicken. Radkau und Hahn sprechen dazu schon bei Erscheinen ihres Buches im Jahr 2013 den hellseherischen Ratschlag aus: »Umso schärfer müssen wir darauf schauen, dass sich die Entwicklung erneuerbarer Energien nicht ähnlich planlos verheddert.«

2.2 Atomausstieg

Worum geht es?

Unter dem Prozess des Atomausstiegs verstehen wir hier den 50-jährigen Zeitraum zwischen dem Beginn der Anti-Atomkraftbewegung in den frühen 1970er-Jahren und dem Abschalten der letzten drei deutschen Kernkraftwerke am 16. April 2023. Die Anti-Atomkraftbewegung begann, die Risiken der

Kernenergie mit hoher Intensität öffentlich zu machen. In Deutschland fanden zum Beispiel im Jahr 1975 Proteste gegen das geplante Atomkraftwerk in Wyhl am Kaiserstuhl statt. Die Besetzung der Baustelle durch Anwohner und Zugereiste führte zu einer breiten öffentlichen Debatte.

Mit der Gründung der Partei »Die Grünen« am 13. Januar 1980 und ihrem Einzug in den 10. Bundestag am 29. März 1983 mit 28 Abgeordneten erhielt die Anti-Atomkraftbewegung eine laute parlamentarische Stimme. Mit der endgültigen Stilllegung der letzten Kernkraftwerke am 16. April 2023 wurden die Forderungen der Kernenergiegegner nach Beendigung der Erzeugung elektrischer Energie in Kernreaktoren erfüllt.

Ein Blick auf die Daten

Für das Verständnis des Atomausstiegs spielen sechs historische Daten eine prägende Rolle: (1) die am 14. Juni 2000 unterzeichnete »Vereinbarung[18] zwischen der Bundesregierung und den Energieversorgungsunternehmen«, auch »Atomkonsens« genannt, (2) das am 22. April 2002 unter der Kanzlerschaft von Gerhard Schröder von Umweltminister Jürgen Trittin mitunterzeichnete »Gesetz[19] zur geordneten Beendigung der Kernenergienutzung zur gewerblichen Erzeugung von Elektrizität«, (3) die unter Bundeskanzlerin Angela Merkel am 28. Oktober 2010 beschlossenen zwei Änderungen[20,21] des Atomgesetzes über die Verlängerung der Laufzeiten von Kernkraftwerken, (4) der endgültige Atomausstiegsbeschluss als »Dreizehntes Gesetz[22] zur Änderung des Atomgesetzes« vom 31. Juli 2011 unter Bundeskanzlerin Angela Merkel, (5) das unter Bundeskanzler Olaf Scholz am 11. November 2022 beschlossene »Neunzehnte Gesetz[23] zur Änderung des Atomgesetzes« mit der Verlängerung der Nutzung der Kernenergie bis zum 15. April 2023, (6) die am 16. April 2023 erfolgte Beendigung der Nutzung der Kernenergie.

2 Eckdaten des deutschen Atomgesetzes

1959	Verabschiedung des ersten Atomgesetzes (»Gesetz zur friedlichen Nutzung der Kernenergie und zum Schutz gegen ihre Gefahren«)
1963	Änderung des Atomgesetzes zur besseren Integration der Europäischen Atomgemeinschaft Euratom
1967	Ergänzung von Vorschriften zum Schutz der Bevölkerung vor Strahlenrisiken
1976	Erste größere Novelle: Verschärfung der Sicherheitsanforderungen und Einführung neuer Genehmigungsverfahren.
1980	Novelle zur Einführung des Strahlenschutzvorsorgegesetzes.
1985	Novelle zur Stärkung des Strahlenschutzes und Anpassung an internationale Standards
1990	Änderungen im Zuge der Wiedervereinigung, um ostdeutsche Regelungen anzupassen
1994	Ergänzung der Vorschriften zur Zwischen- und Endlagerung von radioaktiven Abfällen
1998	Neufassung zur besseren Regelung von Transport und Lagerung von Kernbrennstoffen
2002	Einführung des Atomausstiegs durch die rot-grüne Bundesregierung,Festlegung auf den schrittweisen Ausstieg aus der Kernenergienutzung bis 2022
2005	Anpassung und Konkretisierung der Regelungen für den Rückbau von Atomkraftwerken
2010	Novelle zur Verlängerung der Laufzeiten deutscher Kernkraftwerke durch die schwarz-gelbe Koalition
2011	Rückkehr zum Atomausstieg nach der Fukushima-Katastrophe, Einführung eines verbindlichen Ausstiegs bis 2022
2013	Anpassung der Regelungen zur Finanzierung des Rückbaus und der Entsorgung
2017	Einführung eines Fonds zur Finanzierung der kerntechnischen Entsorgung
2020	Änderungen bezüglich der Verantwortung und Finanzierung für den Rückbau und die Entsorgung von Atomkraftwerken
2022	Letzte Anpassung zur endgültigen Beendigung der Kernenergienutzung in Deutschland bis Ende 2022

In Wirklichkeit war der Prozess weitaus komplexer. Eine etwas feinkörnigere, gleichwohl immer noch unvollständige Übersicht über die Geschichte der deutschen Atomgesetzgebung befindet sich in Tabelle 2.

Über technische, ökonomische und klimapolitische Fakten zum Atomausstieg gibt es zum heutigen Tag noch keine einvernehmlichen Angaben. Besonders über die Kosten des Atomausstiegs wird es vermutlich selbst unter Fachleuten nie eine einhellige Einschätzung geben, weil diese von Annahmen über maximale Kraftwerkslaufzeiten und den CO_2-Emissionsfaktor im künftigen Strommix Deutschlands abhängen.

Während die von der deutschen Kernkraftwerksflotte in ihrer Geschichte erzeugte elektrische Energie bereits in Kapitel 2.1 benannt wurde, lässt sich nur darüber spekulieren, wieviel Terawattstunden Atomstrom der deutsche Kernkraftwerkspark ohne die erzwungene Abschaltung noch hätte produzieren können. Eine untere Schranke könnte bei zehn Prozent der insgesamt erzeugten Energie und somit bei 560 Terawattstunden liegen. Das entspricht dem gegenwärtigen deutschen Stromverbrauch innerhalb eines Jahres. Eine obere Schranke könnte die Ausschöpfung der maximalen Betriebsdauer von Kernkraftwerken in der Größenordnung von 60 Jahren darstellen; zuweilen ist gar von 80 Jahren die Rede. Dann läge die Menge der verloren gegangenen Kernenergie vermutlich in der gleichen Größenordnung wie die kumuliert produzierte Menge, also bei 5600 Terawattstunden.

Die Kosten des Atomausstiegs müssten die den Energieversorgern verloren gegangenen Gewinne ebenso umfassen wie die politisch verursachten Mehrkosten der vom Staat angeordneten Verzögerung der »Endlagersuche«. Letztere führt beispielsweise dazu, dass radioaktive Abfälle zu hohen Kosten zwischengelagert werden müssen. Die Kosten des Atomausstiegs werden sich wahrscheinlich erst dann berechnen lassen, wenn die Suche abgeschlossen ist. Eine wichtige Zahl für die klimapolitische Bewertung des Atomausstiegs wäre die Menge des durch die Abschaltung der Kernkraftwerke in Deutschland zusätzlich emittierten CO_2. Die Schätzungen darüber gehen heute noch weit auseinander.

Ein Blick in die Geschichte

Die als Atomkonsens bezeichnete Vereinbarung vom 14. Juni 2000 bildet den ersten Meilenstein in der Debatte zwischen Energieversorgungsunternehmen (EVU) und der Bundesregierung, die bereits in den 1990er-Jahren unter der Kanzlerschaft von Helmut Kohl begonnen hatte.

Das Dokument beginnt mit den Worten: »Der Streit um die Verantwortbarkeit der Kernenergie hat in unserem Land über Jahrzehnte hinweg zu heftigen Diskussionen und Auseinandersetzungen in der Gesellschaft geführt. Unbeschadet der nach wie vor unterschiedlichen Haltungen zur Nutzung der Kernenergie respektieren die EVU die Entscheidung der Bundesregierung, die Stromerzeugung aus Kernenergie geordnet beenden zu wollen.«

Die Formulierung ist insofern bemerkenswert, als im vorigen Abschnitt deutlich wurde, dass der Atomeinstieg auf Betreiben deutscher Politiker und gegen den Willen der EVU erfolgte. Die nach Jahrzehnten unfallfreien und hocheffizienten Betriebs als mit »heftigen Diskussionen und Auseinandersetzungen in der Gesellschaft« beschriebene Lage, die in Deutschland bis heute nicht an Schärfe verloren hat, bekräftigt sowohl die Notwendigkeit eines Friedensplans als auch – außerhalb des Energiegipfels – eine Aufarbeitung der Verantwortung für die Vernichtung volkswirtschaftlichen Kapitals in Milliardenhöhe.

Das im Jahr 2002 verabschiedete Gesetz über den Atomausstieg legt nicht nur die Beendigung der Nutzung der Kernenergie fest. Es enthält auch in Anlage 3 für jedes Kernkraftwerk »Elektrizitätsmengen nach § 7 Abs. 1a«, die die Kraftwerke ab dem 1. Januar 2000 noch erzeugen dürfen. Als

Gesamtmenge wurden 2623,31 TWh vereinbart. Diese eindrucksvolle sechsstellige Ziffernfolge darf wahlweise als Ausdruck harter Verhandlungsarbeit oder ausufernder Bürokratie angesehen werden. In Anlage 4 wurden die Termine für Sicherheitsüberprüfungen nach § 19a Abs. 1 festgelegt.

Nach dem Beschluss des Atomausstiegs regte sich Widerstand. Er gipfelte im August 2010 mit dem Energiepolitischen Appell[24] – einer Initiative von 40 Unternehmern, Politikern und Persönlichkeiten des öffentlichen Lebens. Initiiert vom RWE-Vorstandsvorsitzenden Jürgen Großmann und den drei Energieversorgern E.ON, Vattenfall und EnBW, forderten unter anderem der Politiker Friedrich Merz, der Münchener Universitätspräsident Wolfgang Herrmann sowie der Fußballmanager Oliver Bierhoff eine Rücknahme des vorzeitigen Ausstiegs aus der Kernenergie sowie eine weitere Nutzung der Kohle.

Die Autoren des Appells schrieben: »Die regenerative Energiewende ist nicht von heute auf morgen zu bewerkstelligen. Erneuerbare brauchen starke und flexible Partner. Dazu gehören modernste Kohlekraftwerke. Dazu gehört auch die Kernenergie, mit deren Hilfe wir unsere hohen CO_2-Minderungsziele deutlich schneller und vor allem preiswerter erreichen können als bei einem vorzeitigen Abschalten der vorhandenen Anlagen. Ein vorzeitiger Ausstieg würde Kapital in Milliardenhöhe vernichten – zu Lasten der Umwelt, der Volkswirtschaft und der Menschen in unserem Land.«

Der Appell trug dazu bei, dass der Bundestag am 28. Oktober 2010 eine Verlängerung der Laufzeit der Kernkraftwerke beschloss.

Am 11. März 2011 ereignete sich in Folge eines Tsunamis der Reaktorunfall im japanischen Fukushima. Kurz darauf setzte Bundeskanzlerin Merkel eine »Ethikkommission« ein. Ihre Aufgabenstellung an den Arbeitskreis formulierte die Kanzlerin in einem Pressestatement[25] vom 22. März 2011 wie folgt: »Wie kann ich den Ausstieg mit Augenmaß so vollziehen, dass der Übergang in das Zeitalter der erneuerbaren Energien ein praktikabler, ein vernünftiger ist, und wie kann ich vermeiden, dass zum Beispiel durch den Import von Kernenergie nach Deutschland Risiken eingegangen werden, die vielleicht höher zu bewerten sind als die Risiken bei der Produktion von Kernenergie-Strom im Lande?«

Es handelte sich ganz offensichtlich nicht um eine ergebnisoffene Frage. Das Ergebnis war ausweislich dieser Formulierung vorbestimmt. Die Ethikkommission, der kein einziger Energiefachmann angehörte, empfahl in ihrem Bericht vom 30. Mai 2011 erwartungsgemäß den Atomausstieg, gestaffelt bis 2022. Am 31. Juli 2011 wurde der Ausstieg vom Bundestag beschlossen.

Zehn Jahre später wies ich in einem offenen Brief[26,27] an den Kommissionsvorsitzenden Matthias Kleiner nach, dass die Ethikkommission bei ihrer Arbeit gegen die Regeln guter wissenschaftlicher Praxis sowie professioneller Politikberatung verstoßen hatte und dem Grundsatz unabhängiger Wissenschaft nicht gerecht geworden war. Wäre ich als Teilnehmer des Energiegipfels als Sachverständiger eingeladen, so würde dabei auch zur Sprache kommen, dass die Instrumentalisierung von Wissenschaftlern durch die damalige Bundeskanzlerin zum Vertrauensverlust der Wissenschaft bei der Bevölkerung beigetragen hat.

Im Juli 2022 formulierten 20 aktive Professoren aus deutschen Universitäten die Stuttgarter Erklärung[28] gegen den Atomausstieg. Fast 60 000 Mitzeichner unterstützten den Aufruf an den Petitionsausschuss des Bundestages. Am 9. November 2022 fand die mündliche Verhandlung[29] in Berlin statt. Die Petition wurde vor dem Ausschuss von Frau Dr. Anna Veronika Wendland und mir vertreten. Das Magazin *Cicero* veröffentlichte mein einleitendes Statement[30] im vollen Wortlaut.

Mit Schreiben vom 14. Mai 2024 teilte der Petitionsausschuss mit, dass das Verfahren abgeschlossen sei. Das

Schreiben endete mit der Feststellung: »Der Antrag der Fraktionen der CDU/CSU und der AfD, die Petition der Bundesregierung zur Berücksichtigung zu überweisen, wurde mehrheitlich abgelehnt.«

Auf Grund des öffentlichen Drucks und der Energiekrise beschloss der Bundestag am 11. November 2022 die befristete Verlängerung[31] der Laufzeit der Kraftwerke Emsland, Isar 2 und Neckarwestheim 2 bis zum 15. April 2023.

Kurz vor dem endgültigen Atomausstieg schrieb eine Gruppe von Wissenschaftlern einen offenen Brief[32] an Bundeskanzler Olaf Scholz. Das Dokument war unter anderem von dem Stuttgarter Nobelpreisträger Klaus von Klitzing und von Steven Chu unterzeichnet worden. Chu war ehemaliger Energieminister unter Barack Obama und ist ebenfalls Nobelpreisträger. Das Schreiben blieb unbeantwortet.

Erwähnenswert ist jedoch in diesem Zusammenhang, dass in der Anne-Will-Talkshow[33] vom 16. April 2023 keiner der beiden Nobelpreisträger als Wissenschaftsvertreter eingeladen worden war. Die Gastgeberin hatte stattdessen den Wissenschaftskommunikator Harald Lesch in ihre Runde geholt, der in jüngster Zeit für seine Sympathiebekundungen gegenüber der »Letzten Generation« für Schlagzeilen[34] gesorgt hatte.

Am 15. April 2023 erfolgte die Abschaltung der letzten Kernkraftwerke. Von der Feier am Brandenburger Tor an diesem Tag berichtete[35] der *RBB* mit den Worten: »Vor Ort lobte auch der ehemalige Bundesumweltminister Jürgen Trittin (Grüne) die Abschaltung der letzten deutschen Atomkraftwerke. Der Einstieg in die Kernenergie sei ein historischer Fehler gewesen, sagte er bei der Kundgebung.«

Der Journalist Roland Tichy sagte hingegen im *TE-Wecker* am gleichen Tag: »Damit sollen in Deutschland keine Kernkraftwerke mehr laufen. Atomausstieg – und zwar unumkehrbar. Davon träumen Habeck und die Grünen. Doch nichts ist unumkehrbar. Ein Pyrrhussieg«.

2.3 Kohlepfennig

Worum geht es?

Der Kohlepfennig bezeichnet im engeren Sinne des Wortes die von 1974 bis 1995 geflossenen Subventionen für die Steinkohleförderung der alten Bundesrepublik. Die Subvention sollte dem Ausgleich zwischen dem höheren Preis einheimischer Kohle und dem niedrigeren Preis von Kohle auf dem Weltmarkt dienen. Der Kohlepfennig wurde als Aufschlag auf den Strompreis erhoben und an die deutschen Kohleförderer transferiert.

Das Bundesverfassungsgericht erklärte den Kohlepfennig in seinem Urteil[36] vom 11. Oktober 1994 für verfassungswidrig. Von 1996 bis 2018 wurde die Subvention in umetikettierter Form aus dem Staatshaushalt bezahlt. Wir wollen den Begriff Kohlepfennig hier im erweiterten Sinne des Wortes auf den gesamten Zeitraum von 1975 bis 2018 beziehen. Bevor wir uns die Geschichte des Kohlepfennigs anschauen, fassen wir stellvertretend für die Teilnehmer des Energiegipfels die wesentlichen Fakten und Zahlen zusammen.

Ein Blick auf die Daten

Die Schätzungen über die Höhe der insgesamt zwischen 1974 und 2018 geflossenen Kohlesubventionen sind in der Literatur weitaus weniger umstritten als die Höhe der Atomsubventionen in Abschnitt 2.1.

Zwei Subventions-Jahresbeträge werden im zitierten Urteil des Bundesverfassungsgerichts genannt: »Das Aufkommen der Ausgleichsabgabe ist von 778 047 449,94 DM im Jahre 1975 [nach heutiger Kaufkraft etwa 1,3 Mrd. Euro, Anm. d. Verf.] (Haushaltsrechnung und Vermögensrechnung des Bundes für das Haushaltsjahr 1975, S. 2499) auf

3 Brennstoffpreisentwicklung in Deutschland

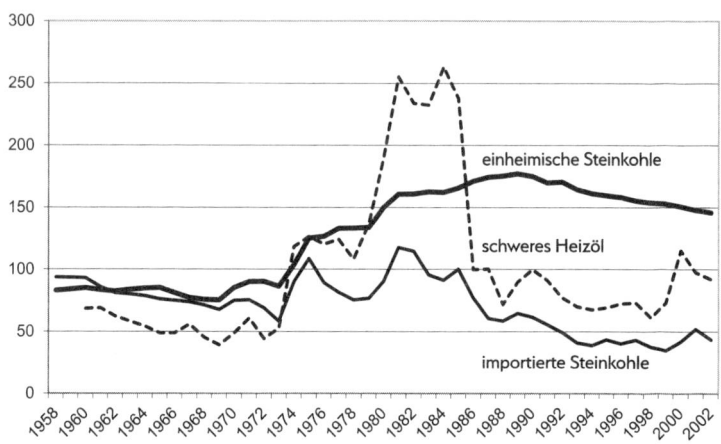

Zeitliche Entwicklung ausgewählter Brennstoffpreise
in Deutschland 1958–2002, kaufkraftbereinigt in Euro pro
Steinkohleeinheit (tSKE).
Mit freundlicher Genehmigung von Karl Storchmann
auf der Basis der Daten aus: K. Storchmann,
»The rise and fall of German hard coal subsidies«,
Energy Policy 33 (2005) 1469–1492.

5 468 991 077,96 DM im Jahre 1992 [nach heutiger Kaufkraft etwa 5,3 Mrd. Euro, Anm. d. Verf.] (Haushaltsrechnung und Vermögensrechnung des Bundes für das Haushaltsjahr 1992, S. 150) angestiegen.«

Die bis heute detaillierteste in der Fachliteratur publizierte Analyse der Kohlesubventionen stammt vom Ökonomen Karl Storchmann[37] und wurde 2005 in der Fachzeitschrift *Energy Policy* veröffentlicht. Sie enthält als Tabelle 12 eine jahresgenaue Aufschlüsselung der Kohlesubventionen von 1958 bis 2002, die in Spalte 2 als »sales aides« bezeichnet werden. Die Summe von 116 Milliarden Euro, ausgedrückt in Kaufkraft des Jahres 2000, entspricht heute inflationsbereinigt etwa 188 Milliarden Euro. Eine Diskussion der ökonomischen Folgen der Subventionen findet sich in einer Arbeit von Manuel

Frondel[38] und Koautoren vom Rheinisch-Westfälischen Institut für Wirtschaftsforschung RWI in Essen.

In einem Dokument[39] des Forums Ökologisch-Soziale Marktwirtschaft (FÖS) werden die Kohlesubventionen für den Zeitraum 1950 bis 2008 auf Seite 9 (Tabelle 1) mit 145,1 Milliarden Euro (nach Kaufkraft von 2008) angegeben. Dies entspricht inflationsbereinigt nach aktuellen Preisen knapp 200 Milliarden Euro. Für den Zeitraum 2009 bis 2020 werden 19,4 Milliarden Euro geschätzt. Die im Dokument als »Absatzhilfen« bezeichneten Zahlungen stimmen im Wesentlichen mit den oben genannten Kohlesubventionen überein. Ungeachtet der Tatsache, dass es sich bei dem FÖS-Dokument im Gegensatz zu den zitierten Arbeiten von Storchmann und Frondel nicht um eine nach internationalen Standards begutachtete Publikation handelt, stimmt die Summe von 220 Milliarden Euro recht gut mit den vorher genannten Zahlen überein.

Als Zwischenfazit könnten die Teilnehmer des Energiegipfels somit festhalten, dass der Kohlepfennig den deutschen Steuerzahler insgesamt rund 200 Milliarden Euro gekostet hat. Mit dieser Summe hätte man 1000-mal den Wiederaufbau[40] der Dresdner Frauenkirche bezahlen oder drei Mal den Sanierungsbedarf sämtlicher deutschen Universitäten decken können, der gemäß einem Positionspapier[41] des Wissenschaftsrates 60 Milliarden Euro beträgt. Der seinerzeit in Deutschland stationierte King of Rock'n'Roll Elvis Presley könnte aus dem Jenseits noch hinzufügen, dass man mit dieser Summe seinen Wirkungsort Bad Nauheim 57-mal klimaneutral[42] machen könnte.

Ein Blick in die Geschichte

Die bereits zitierte Storchmann-Studie bildet nicht nur wegen ihres umfassenden Zahlenmaterials, sondern auch wegen der genauen Schilderung der zahlreichen ineinander verschachtelten staatlichen Förderinstrumente eine wichtige Grundlage für das Verständnis des Kohlepfennigs. Dessen Geschichte geht auf die Kohlekrise des Jahres 1958 zurück. In dieser Zeit fielen die Preise für Importkohle und importiertes Schweröl unter die Preise deutscher Steinkohle. Dadurch sank die Nachfrage nach Inlandskohle und bei den Kohleförderern entstanden Überkapazitäten. So ist zu erklären, dass die erste von 16 Fördermaßnahmen auf das Jahr 1960 fällt. Alle diese Instrumente sind in Tabelle 1 der Storchmann-Studie minutiös einschließlich der zugehörigen Finanzvolumina aufgelistet. Der zeitliche Verlauf der Brennstoffpreise auf dem Weltmarkt im Vergleich zu den Kohlepreisen in Deutschland ist in Abbildung 2.1 reproduziert.

Der Kohlepfennig ist unter den 16 Förderinstrumenten die mit Abstand teuerste staatliche Intervention gewesen. Er wurde mit dem Dritten Verstromungsgesetz[43] ins Leben gerufen.

Doch wie ist es zu erklären, dass der Kohlepfennig gerade im Jahr 1974, also kurz nach Ausbruch der Ölpreiskrise, geboren wurde? Wäre nicht eher zu erwarten gewesen, dass bei ansteigenden Ölpreisen die Nachfrage nach Inlandskohle wieder angezogen hätte und dann überhaupt keine staatlichen Fördermaßnahmen nötig gewesen wären?

Die Ölkrise erzeugte einen weltweiten Konjunktureinbruch und somit auch in Deutschland einen Rückgang in der Nachfrage nach Energierohstoffen. Hinzu kam nach einem Bericht[44] des *Spiegel* aus dem Jahr 1975: »daß die Manager der E-Werke den Ölschock verblüffend schnell überwanden. Denn statt bei der sinkenden Stromnachfrage Kohle- und Ölverbrauch in ihren Kraftwerken gleichmäßig zurückzufahren, ließen sie die Ölöfen wie gehabt weiterbrennen und drosselten allein den Kohlekonsum – um immerhin ein Viertel. Sie handelten mit Blick auf die Bilanz: Seit Öl wieder reichlich zu kaufen ist, leiden die Ölkonzerne an einer Überproduktion von schwerem Heizöl, das beim Raffinierungsprozeß automatisch anfällt. Entsprechend billig können die E-Werke das schwere Öl für ihre Öfen erwerben, während der Preis

für Kraftwerks-Steinkohle seit Oktober 1973 um 44 Prozent
gestiegen ist.«

Die schon damals starke Verknüpfung von wirtschaftlichen und politischen Interessen verdeutlicht ein Zitat aus
dem gleichen Artikel: »Doch ganz soll es angesichts des he-
raufziehenden Wahljahres beim schlichten Laisser-faire auch
nicht bleiben. Die Bonner Energiestrategen erwägen trotz ihrer Geldklemme, notfalls: [...] den sogenannten Kohlepfennig,
der den Stromverbrauchern abgeknapst und mit dem Kraft-
werkskohle subventioniert wird, zu verdoppeln, um so den
Brennstoff gegenüber dem schweren Heizöl zu verbilligen.«

Die Industrie betrachtete die Förderung durch den Kohlepfennig nicht als Subventionen. In einem Interview[45] erläuter-
te beispielsweise der Chef der Ruhrkohle AG Karlheinz Bund
seine Position. Die Frage des *Spiegel* lautete: »Herr Dr. Bund,
über 33 Millionen Tonnen Steinkohle, mehr als ein Drittel einer Jahresproduktion, türmen sich an Ruhr und Saar auf Hal-
de. Neben hohen Direktsubventionen von Bund und Ländern
bringen die Stromverbraucher über den ›Kohlepfennig‹ noch
einmal zwei Milliarden für den Bergbau auf. Jetzt fordern Sie
weitere Überbrückungshilfen. Zahlen die Bürger nicht in ein
Faß ohne Boden?«

Darauf antwortete Bund: »Zunächst einmal müssen Sie
von den 33 Millionen Tonnen zehn Millionen abziehen. Die
nationale Kohlenreserve ist eine energiewirtschaftlich notwendige Bevorratung für künftige Notzeiten. Was den Kohlepfennig angeht, so handelt es sich hierbei keinesfalls um eine
Subvention für den Bergbau, sondern eine Umlage innerhalb
der Elektrizitätswirtschaft für eine auch in Zukunft sichere
Stromversorgung.«

Über die Rolle des deutschen Staates in der Energiepolitik
sagte der ehemalige Aufsichtsratsvorsitzende der Deutschen
Bank Hermann Josef Abs schon im Jahr 1978[46], als der
Kohlepfennig gerade einmal drei Jahre alt war: »Ich kann leider nicht erkennen, daß von der Bundesregierung überhaupt

eine Energiepolitik betrieben wird.« Zu dieser Zeit hatten Mineralölkonzerne Deutschland so billig mit Schweröl versorgt, dass etwa die Stahlkonzerne auf Kohle aus ihren eigenen Zechen verzichteten.

Nebenbei bemerkt, spielte während der 1970er- und 1980er-Jahre auch die Frage der Kohleverflüssigung eine Rolle. Hierfür wollte man unter anderem Kernenergie einsetzen. Eine gewisse Euphorie für diese Technologie lässt sich aus einem Beitrag des *Spiegel*[47] des Jahres 1979 ablesen: »Als Hausväter über die Winterschluss-Rechnung für die Heizung erschraken, als Autofahrer den Schockpreis von einer Mark für den Liter Superbenzin bezahlen mussten, da wurde die Erinnerung an schlechte alte Zeiten wieder wach. Hatte nicht schon Hitlers Kriegswirtschaft den wundersamen Retortentrick fertiggebracht, aus dem simplen heimischen Heizmaterial Kohle hochwertige Treib-, Brenn- und Rohstoffe zu gewinnen? Wieviel leichter müsste es der in Frieden und Überfluss weiterentwickelten Technologie fallen, die ›schwarzen Diamanten‹ zu veredeln!«

Dass die Subvention der Kohleförderung kein rein sozialdemokratisches Projekt war, lässt sich an Aussagen quer durch das Bonner Parteienspektrum belegen. So wird 1978 über den FDP-Politiker Graf Lambsdorff berichtet[48]: »Der heimischen Kohle zuliebe möchte Wirtschaftsminister Otto Graf Lambsdorff die Verbraucher mit höheren Abgaben belasten. Die Bonner Energiepolitiker wollen den ›Kohlepfennig‹, mit dem die Stromabnehmer den Einsatz deutscher Kohle in den Stromfabriken subventionieren, drastisch erhöhen. Wurden bisher etwa auf eine Stromrechnung von 100 Mark als ›Beitrag zur Energiesicherung‹ 4,50 Mark plus Mehrwertsteuer aufgeschlagen, so sollen im nächsten Jahr 6,80 Mark plus Mehrwertsteuer abkassiert werden.«

Am 11. Oktober 1994 beschloss das Bundesverfassungsgericht die Verfassungswidrigkeit des Kohlepfennigs. Wie aus dem Urteil hervorgeht, hatte die Bundesregierung den

Kohlepfennig so charakterisiert: »Es handelt sich um eine wirtschaftslenkende Maßnahme, durch die finanzielle Ungleichheiten innerhalb der Elektrizitätswirtschaft ausgeglichen werden sollen. Das Aufkommen fließt nicht als Einnahme in die öffentlichen Haushalte, sondern einem vom Bundesamt für gewerbliche Wirtschaft verwalteten Sondervermögen zu, aus dem die nach diesem Gesetz vorgesehenen Zahlungen an die kohleverstromenden Unternehmen geleistet werden. Es handelt sich dabei um eine auf Gesetz gegründete Selbsthilfe der Wirtschaft, die auf freiwilliger interner Basis nicht hatte zustande kommen können.«

Das Bundesverfassungsgericht kam jedoch zu dem Schluss, dass der Kohlepfennig als Sonderabgabe nicht zu rechtfertigen sei und er höchstens bis zum 31. Dezember 1995 erhoben werden dürfe.

Der Bundesregierung hätte es freigestanden, den Kohlepfennig nach diesem Urteil ersatzlos abzuschaffen. Stattdessen wurde er ab dem 1. Januar 1996 umetikettiert und aus dem Bundeshaushalt bezahlt. Erst im Jahr 2018 lief die Kohleförderung aus – im gleichen Jahr, in dem auch der Kohleausstieg beschlossen worden war. An diesem späten Datum ist bemerkenswert, dass der Klimaökonom und Regierungsberater Ottmar Edenhofer schon 2015 in einem Gastbeitrag[49] für das Wissenschaftsmagazin *Science* einen Abbau von Kohlesubventionen dringend angemahnt hatte.

Würde Edenhofer als Mitglied der ÖS-Delegation eines echten Energiegipfels nominiert, so wie ich es in Kapitel 1 vorgeschlagen hatte, ist davon auszugehen, dass er diese Gelegenheit für eine prominente Kritik der langanhaltenden Kohleförderung nutzen würde.

2.4 Kohleausstieg

Worum geht es?

Der Begriff Kohleausstieg bezieht sich auf einen Prozess, der am 6. Juni 2018 mit der Einsetzung der Kommission »Wachstum, Strukturwandel und Beschäftigung« begann. Im Volksmund wurde sie als Kohlekommission bezeichnet. Der 3. Juli 2020 kann mit der Abstimmung über das »Kohleausstiegsgesetz[50]« im Bundestag als Kulminationspunkt des Vorgangs betrachtet werden. Im Jahr 2038 soll der Kohleausstieg mit der Beendigung der Kohleverstromung seinen Abschluss finden. Laut Koalitionsvertrag von 2021 wollen die Regierungsparteien der Ampelkoalition unter Kanzler Olaf Scholz die Kohleverstromung »idealerweise« sogar schon im Jahr 2030 beenden. Der Begriff Kohleausstieg erstreckt sich nicht auf den Einsatz von Kohle oder Koks in anderen Industrieprozessen wie beispielsweise der Herstellung von Eisen, Stahl oder Zement.

Ein Blick auf die Daten

Im Jahr 2017, vor Arbeitsantritt der Kohlekommission, waren in Deutschland Kohlekraftwerke mit einer Leistung von etwa 40 Gigawatt in Betrieb[51]. Die Kapazität setzte sich zu ungefähr gleichen Teilen aus Steinkohle- und Braunkohlekraftwerken zusammen. Zum Vergleich: Die chinesische Provinz Shandong[52] verfügt über eine Kohlekraftwerkskapazität von über 100 Gigawatt, die Volksrepublik China[53] über 1100 Gigawatt, Indien über 236 Gigawatt und die USA über 205 Gigawatt. Kohlekraftwerke deckten zu dieser Zeit knapp 40 Prozent der elektrischen Energieversorgung Deutschlands ab. Braunkohlekraftwerke erzeugten 137,9 Terawattstunden und Steinkohlekraftwerke 83,5 Terawattstunden elektrische Energie[54]. Zur Veranschaulichung des Zusammenhangs zwischen der Kraft-

werksleistung in Gigawatt und der pro Jahr erzeugten Energie
in Terawattstunden sei ergänzt, dass ein Kraftwerk mit einer
Kapazität von einem Gigawatt in den 8760 Stunden eines Jahres 8760 Gigawattstunden oder 8,76 Terawattstunden Strom
erzeugt.

Bei der Nennung weiterer Eckdaten würden die Mitglieder
der ökologisch-sozialen (ÖS) Verhandlungsdelegation vermutlich andere Größen in den Mittelpunkt stellen als die Vertreter
der freiheitlich-konservativen (FK) Gruppe. Um ein möglichst
vollständiges Bild der Faktenlage zu zeichnen, listen wir hier
alle Aspekte auf – unabhängig davon, ob sie für die Bewertung
in Kapitel 4 mehr oder weniger Bedeutung besitzen.

Die ÖS-Fraktion würde vermutlich nachdrücklich darauf
hinweisen, dass Kohlekraftwerke im Weltmaßstab der größte
einzelne Emittent von Kohlendioxid sind und dass die deutschen Kohlekraftwerke im Jahr 2017 insgesamt 230,5 Millionen Tonnen CO_2 ausstießen. Dabei entfielen 157,9 Millionen
Tonnen auf Braunkohle- und 74,6 Millionen Tonnen auf Steinkohlekraftwerke.

Die Ökologisch-Sozialen würden weiterhin ins Feld führen,
dass gemäß den Zahlen der Online-Wissensplattform[55] »Our
World in Data« Kohlestrom statistisch über 25 Todesopfer[56]
pro produzierter Terawattstunde fordert, während es bei
Wind- und Solarenergie weniger als 0,1 sind. Ein Zwischen-
rufer aus dem FK-Lager würde den Vortrag des ÖS-Vertreters
wahrscheinlich mit dem Zwischenruf würzen: »Die Zahl 0,1
gilt nicht nur für Wind und Sonne, sondern auch für Kernenergie.«

Die FK-Fraktion würde mutmaßlich in erster Linie den
wohlstandsstiftenden Aspekt preiswerten Kohlestroms ins
Feld führen. Kostengünstige elektrische Energie aus Kohlekraftwerken hat – neben Globalisierung, unternehmerischer
Freiheit und Fleiß – einen maßgeblichen Anteil daran, dass
in den letzten 40 Jahren in China[57] und Indien eine Milliarde
Menschen aus der Armut befreit wurden.

Die Freiheitlich-Konservativen würden deshalb argumentieren, dass jede politische Maßnahme zum Abbau preiswerter Kohlekraftwerkskapazität einen Widerstreit zwischen Klimaschutz und Wohlstand auslöst. Die FK-Delegation würde schlussendlich anmerken, dass Deutschland für weniger als zwei Prozent der globalen CO_2-Emissionen verantwortlich ist und ein deutscher Kohleausstieg das Weltklima kaum ändert. Schlussendlich würde der Ökonom Hans-Werner Sinn, sofern er Teil der FK-Delegation wäre, noch anmerken, dass die deutschen Kohlekraftwerke Teil des EU-Zertifikatehandels sind und ihre Abschaltung die europäische CO_2-Bilanz nicht beeinflussen würde.

Ein Blick in die Geschichte

Am 6. Juni 2018 berief die Bundesregierung die Kommission »Wachstum, Strukturwandel und Beschäftigung« ein, im Volksmund besser bekannt als »Kohlekommission«. Sie wurde von Matthias Platzeck, Ronald Pofalla, Barbara Praetorius und Stanislaw Tillich geleitet und umfasste 25 weitere Personen. Unter den akademischen Mitgliedern befand sich kein Energiefachmann.

Stefan Kapferer, Vorsitzender der Hauptgeschäftsführung des Bundesverbandes der Energie- und Wasserwirtschaft (BDEW), erklärte nach dem Abschluss der Arbeit[58]: »In der Kohlekommission gab es eine sehr hohe Übereinstimmung darin, dass die Abschaltung von Kohlekraftwerken nicht an der Frage scheitern darf, ob es gelingt, die nötigen Mengen an gesicherter Erzeugungskapazität vorzuhalten.« Diese Aussage offenbart – zumindest in den Augen der freiheitlich-konservativen Verhandlungsdelegation des Energiegipfels – Ignoranz gegenüber der Versorgungssicherheit des Industriestandortes Deutschland.

Im Januar 2019 legte die Kommission ihren Abschlussbericht[59] vor. Er umfasst einen Hauptteil mit 112 Seiten und

166 Seiten Anhang. Der Anhang enthält eine 150-seitige Projektliste für die Kohleregionen Helmstedter Revier (Niedersachsen), Rheinisches Revier (Nordrhein-Westfalen), Lausitzer Revier (Sachsen und Brandenburg), Mitteldeutsches Revier (Sachsen-Anhalt und Sachsen) sowie für das Saarland.

Die Formulierung des Arbeitsauftrages an die Kommission auf Seite 6 des Dokuments lässt eine unverkennbare Ähnlichkeit zu Dieter Hallervordens Erzählweise in dem legendären Video[60] »Die Kuh Elsa« erkennen. Nach einer langen Liste einlullender Formulierungen wie »Schaffung einer konkreten Perspektive für neue, zukunftssichere Arbeitsplätze in den betroffenen Regionen« wird die Katze erst spät, nämlich in Punkt 5, aus dem Sack gelassen. Dort heißt es: »Darüber hinaus ein Plan zur schrittweisen Reduzierung und Beendigung der Kohleverstromung.« Angesichts der Schwere des Eingriffes in die Volkswirtschaft ist das Verpacken der Hauptsache in den fünften Unterpunkt ein bemerkenswerter Vorgang.

Auf Seite 8 wird als Bewertungsmaßstab für den Erfolg der vorzuschlagenden Maßnahmen festgelegt: »Die Energiepreise sind angemessen und verlässlich. International wettbewerbsfähige Strompreise sichern den Wirtschafts- und Industriestandort Deutschland« und »Deutschland bleibt ein hochattraktiver Standort«.

Das Dokument beschreibt einleitend die energie- und klimapolitische Ausgangslage, in der die Kapazitäten von Kohlekraftwerken und die deutschen CO_2-Emissionsziele referiert werden. Im Hauptteil beschreiben die Autoren ihre empfohlenen Maßnahmen. Auf Seite 62 findet sich die Kernaussage: »Maßnahme: Gesicherte schrittweise Reduzierung und Beendigung der Kohleverstromung«.

Auf Seite 64 heißt es dann: »Als Abschlussdatum für die Kohleverstromung empfiehlt die Kommission Ende des Jahres 2038. Sofern die energiewirtschaftlichen, beschäftigungspolitischen und die betriebswirtschaftlichen Voraussetzungen vorliegen, kann das Datum in Verhandlungen mit den Betreibern auf frühestens 2035 vorgezogen werden.« Weiter heißt es: »Die Kommission empfiehlt, für die Braunkohlekraftwerke zur Umsetzung eine einvernehmliche Vereinbarung auf vertraglicher Grundlage mit den Betreibern im Hinblick auf die Stilllegungen zu erzielen. Diese enthält sowohl eine Einigung über Entschädigungsleistungen für die Betreiber als auch Regelungen über die sozialverträgliche Gestaltung des Ausstiegs und wird anschließend gesetzlich fixiert.«

Die Vertreter der FK-Fraktion würden auf ein weiteres Zitat aus dem Anhang des Dokuments verweisen, welches in ihren Augen als Beleg für staatliche Überregulierung dient. Neben der Gründung von Forschungsinstituten und der Verbesserung der Verkehrsinfrastruktur finden sich in der Liste Maßnahmen wie »Kindererholungszentrum ›Am Braunsteich‹ als Beitrag zur touristischen Entwicklung« (Seite 154), »Belebung des Erwerbs und Gebrauchs der sorbischen Sprache in der digitalen Welt und im Rundfunk« (Seite 128), »Bau einer großen Haftanstalt« (Seite 159) und »Regionale Wertschöpfungsketten in der Fischwirtschaft« (Seite 164).

Mit dem Beschluss über das Kohleausstiegsgesetz[61] wurde die Empfehlung der Kohlekommission in die Tat umgesetzt. Dort heißt es zu den Abschaltzielen: »1. im Kalenderjahr 2022 auf 15 Gigawatt Steinkohle und 15 Gigawatt Braunkohle, 2. im Kalenderjahr 2030 auf 8 Gigawatt Steinkohle und 9 Gigawatt Braunkohle und 3. spätestens bis zum Ablauf des Kalenderjahres 2038 auf 0 Gigawatt Steinkohle und 0 Gigawatt Braunkohle.«

Gleichzeitig wurden insgesamt 40 Milliarden Euro für die Förderung[62] bis 2038 zugesagt. Aus den Mitteln wurden unter anderem Forschungsinstitute gegründet, so das Deutsche Zentrum für Astrophysik (DZA), zwei Institute des Deutschen Zentrums für Luft- und Raumfahrt (DLR) und die Fraunhofer-Einrichtung für Energieinfrastrukturen und Geothermie (IEG).

Nach der Verabschiedung des Kohleausstiegsgesetzes wurde in der Öffentlichkeit betont, es handele sich um einen fragilen Kompromiss. Laut CDU-Politiker Armin Laschet ähnele dieser einer »zerbrechlichen Weihnachtskugel«. Zwecks Sicherung des Vertrauens der Bevölkerung und zur Planungssicherheit für die Industrie dürfe er unter keinen Umständen in Frage gestellt werden.

Umso bedenklicher ist die Tatsache, dass schon im Jahr 2021 bei der Aushandlung des Koalitionsvertrags zwischen den Ampelparteien SPD, Grüne und FDP vom Jahr 2038 keine Rede mehr war. Im Koalitionsvertrag[63] ist vielmehr von einer Vorverlegung des Kohleausstiegs »idealerweise bis 2030« die Rede. Dies löste nicht nur bei der Bevölkerung, sondern auch bei Energieversorgungsunternehmen[64] Unverständnis und Unruhe aus – das Gegenteil von dem, was beim Projekt Kohleausstieg laut Einsetzungsbeschluss beabsichtigt gewesen war.

2.5 Gasgeschäfte

Worum geht es?

Unter Gasgeschäften im engeren Sinne des Wortes wollen wir hier die zwischen 1970 und 1982 zwischen der Bundesrepublik Deutschland und der Sowjetunion abgeschlossenen Verträge über einen Naturalientausch deutscher Erdgasröhren gegen russisches Erdgas verstehen. Die Geschäfte wurden damals als Erdgas-Röhrengeschäfte oder Röhren-Erdgas-Geschäfte bezeichnet. Im weiteren Sinne des Wortes lässt sich auch der gesamte spätere deutsch-sowjetische und deutsch-russische Erdgashandel einschließlich des Baus der Nord-Stream-Pipelines unter den Begriff Gasgeschäfte einordnen. Im vorliegenden Abschnitt konzentrieren wir uns jedoch auf die 1970–1982 abgeschlossenen Verträge, weil sie während der Zeit des Kalten Krieges besonders brisant waren.

Ein Blick auf die Daten

Das Buch[65] »Geschäft und Politik« von Manfred Pohl bietet einen umfassenden Einblick in die Entstehungsperiode der deutsch-sowjetischen Gaslieferverträge. Die nachstehenden Zahlen und Fakten sind überwiegend aus dieser Quelle entnommen und werden im Folgenden als »Pohl« zitiert.

Die Geburtsstunde der Gasgeschäfte war Sonntag, der 1. Februar 1970[66]. An diesem Tag unterzeichneten die Ruhrgas AG, die Mannesmann-Export GmbH und die Deutsche Bank mit der sowjetischen Außenhandelsbank in Anwesenheit des deutschen Wirtschaftsministers Karl Schiller und des sowjetischen Außenhandelsministers Nikolai Patolitschew im Hotel Kaiserhof in Essen die ersten Erdgasverträge. Damit sollte eine jahrzehntelange Zusammenarbeit zwischen Deutschland und der Sowjetunion, später Russland, beginnen. Im Jahr 1970 war Willy Brandt deutscher Bundeskanzler. Leonid Breschnew bekleidete das Amt des Generalsekretärs der Kommunistischen Partei der Sowjetunion KPdSU – de facto die ranghöchste Funktion im Sowjetstaat.

Die Gasgeschäfte umfassen sechs Vertragsbündel – die Röhrenkredite I bis V sowie den Urengoi-Rahmen-Kredit. Die Eckdaten der Verträge sind in Tabelle 4 zusammengefasst. Die Verträge sind Dreieckskonstruktionen, bestehend aus der Lieferung deutscher Stahlrohre an die Sowjetunion, aus der Lieferung sowjetischen Erdgases an die Bundesrepublik und aus der Finanzierung des Geschäfts durch ein deutsches Konsortium unter Führung der Deutschen Bank. Bei den Geschäften handelt es sich zwar formal weder um Gesetze noch um direkte Entscheidungen der Bundesregierung. Insofern sind es keine Staatsprojekte im strengen Sinne unserer Kapitelüberschrift. Wie wir jedoch sehen werden, wären die Verträge ohne aktive staatliche Mitwirkung auf höchster politischer Ebene nicht zustande gekommen. Sie können somit guten Gewissens als de-facto-Staatsprojekte bezeichnet werden.

4 Erdgas-Röhrengeschäfte BRD–Sowjetunion

	Unterzeichnung	Umfang in Mrd. DM	Laufzeit in Jh	Zins in %	Besiche-rung in %
Röhrenkredit I	01. 02. 1970 Essen	1,2	12	6	50
Röhrenkredit II	06. 10. 1972 Düsseldorf	1,2	12	6	50
Röhrenkredit III	29. 10. 1974 München	1,5	8	6,5	80
Röhrenkredit IV	19. 12. 1975 Düsseldorf	1,3	10	7,35	95
Rahmenkredit V	Keine Angaben	0,6	7	6,75	95
Urengoi-Rahmen-Kredit	13. 07. 1982 Leningrad	2,2	10	7,8	Keine Angaben

Übersicht über die Verträge zwischen der Bundesrepublik Deutschland und der Sowjetunion im Rahmen der Erdgas-Röhrengeschäfte. Die Besicherung erfolgte durch die Kreditanstalt für Wiederaufbau. Quelle: Manfred Pohl, Geschäft und Politik, Hase & Koehler Verlag, Mainz, 1988.

Die technischen und finanziellen Eckdaten der Verträge lassen sich aus der Pohlschen Monografie entnehmen: »In einem Zeitraum von ca. 12 Jahren lieferten die deutschen Firmen Großrohre nebst Pipelinezubehör in einem Gesamtvolumen von rund 6 Millionen Tonnen an die Außenhandels-Organisation W/O Promsyrjoimport in die Sowjetunion. Diese wurden durch entsprechende Kredite deutscher Banken an die Bank für Außenhandel der UdSSR in einem Gesamtwert von rund 7,5 Milliarden DM finanziert. Parallel hat die Ruhrgas AG bis 1982 rund 63 Milliarden Kubikmeter Erdgas aus der Sowjetunion bezogen.«

63 Milliarden Kubikmeter besitzen einen Energiegehalt von rund 600 Terawattstunden. Obwohl die chemische Energie von Erdgas nicht direkt mit elektrischer Energie verglichen werden kann, ist es für die Veranschaulichung der Energiemenge hilfreich zu wissen, dass diese Menge an chemischer

Energie – rein rechnerisch – die gleiche Größenordnung besitzt wie die aktuell jährlich in Deutschland verbrauchte elektrische Energie. Heruntergebrochen auf die eben genannten reichlich zehn Jahre umfassten die sowjetischen Lieferungen etwas mehr als 50 Terawattstunden pro Jahr.

Ein Blick in die Geschichte

Vor dem Hintergrund der aktuellen Spannungen zwischen Russland und Deutschland verdient die politische Dimension der Gasgeschäfte mitten im Kalten Krieg besondere Aufmerksamkeit. Gemäß der eingangs formulierten Verhandlungsregeln sollen die politischen Aspekte hier lediglich benannt, jedoch nicht bewertet werden. Für die Faktensammlung sind vier Aspekte wichtig: (1) die Aufhebung des NATO-Gasembargos, (2) die Flankierung der Verhandlungen durch deutsche Politiker, (3) der Einfluss des Afghanistan-Krieges sowie (4) der Einfluss der USA.

Zu Punkt 1: Weitgehend unbekannt ist heutzutage die Tatsache, dass es in den 1960er-Jahren ein Embargo der NATO gab, welches den Verkauf von Erdgasröhren aus Deutschland an die Sowjetunion verbot. So hatte laut Pohl »die Bundesregierung z. B. im Jahr 1962 auf NATO-Beschluss ein ›Großröhren-Embargo‹ verhängt, das vor allem die Mannesmann AG von 1963 bis 1969 daran hinderte, Großrohre in die Sowjetunion zu liefern.« Das Nachrichtenmagazin *Spiegel* formulierte es etwas weniger diplomatisch[67]: »Damals wurden auf Anweisung der Nato-beflissenen Regierung Adenauer Röhrenkontrakte zwischen den Stahlkonzernen Mannesmann, Phoenix-Rheinrohr, Hoesch und den Russen durch das sogenannte Röhrenembargo gebrochen.« Für die Gasgeschäfte ab 1970 wurde das Röhrenembargo von der Bundesregierung kurzerhand aufgehoben. Diese Entscheidung verdeutlicht, dass die damalige Bundesregierung das Interesse von Verbrauchern und Industrie an preiswerter Energielieferung anscheinend höher gewichtete als das Festhalten an transatlantischen Verpflichtungen.

Zu Punkt 2: Die Rolle der Bundesregierung wird anhand von Details über die Anbahnung der ersten Verhandlungen zu den Gasgeschäften gut verständlich. Pohl schreibt dazu: »Erste Verhandlungen zwischen westdeutschen und sowjetischen Stellen über eine Zusammenarbeit beider Länder auf dem Erdöl-Erdgas-Sektor führten anlässlich der Hannover-Messe Ende April 1969 der Bundeswirtschaftsminister Karl Schiller und der sowjetische Außenhandelsminister Nikolai Semjonowitsch Patolitschew.« Dies lässt die aktive Unterstützung der Kooperation durch den Staat erkennen. Ohne diese Flankierung wären die Gasgeschäfte mit hoher Wahrscheinlichkeit nicht zustande gekommen.

Zu Punkt 3: Ein weiterer erwähnenswerter Aspekt besteht darin, dass die Gespräche zum Urengoi-Jamal-Projekt in den Jahren 1978 und 1979 ungeachtet des Einmarsches der Sowjetunion in Afghanistan stattfanden. Pohl schreibt dazu: »Bereits kurz nach den ersten Vorgesprächen ergaben sich in Folge des Einmarsches sowjetischer Truppen in Afghanistan Komplikationen in der Planung. [...] Die westeuropäischen Länder sahen in der Besetzung Afghanistans keinen wesentlichen Grund für wirtschaftliche Sanktionen gegen die Sowjetunion.«

Zu Punkt4: Als letzter wissenswerter Aspekt sind die Gemeinsamkeiten und Unterschiede zwischen der heutigen Einschätzung deutsch-russischer Gasgeschäfte durch die USA und der amerikanischen Sicht auf den deutsch-sowjetischen Gashandel im Jahr 1981 zu nennen.

Die Tageszeitung *Die Welt* hat diesem Thema am 14. November 1981 einen kurzen Artikel[68] gewidmet, der es meines Erachtens wert ist, in Gänze zitiert zu werden:

»Der Abschluß des Erdgas-Röhren-Geschäfts zwischen der Bundesrepublik Deutschland und der Sowjetunion, der während des Breschnew-Besuchs in Bonn geplant ist, wird in den

USA als ›größere außenpolitische Niederlage‹ gewertet. Der Unterstaatssekretär des Pentagon für internationale Sicherheitspolitik, Richard Perle, sieht in dem Geschäft eine ›militärische und politische Schwächung‹ des nordatlantischen Verteidigungsbündnisses. Perle zählte folgende Kritikpunkte des Pentagon an dem geplanten Erdgas-Röhren-Geschäft auf:

- Der UdSSR werde eine große Menge westlicher Devisen zur Verfügung gestellt, mit denen dem Westen schädliche Projekte finanziert werden könnten.
- Mit den wirtschaftlichen Bindungen werde ›unvermeidlich‹ auch der politische Einfluß der Sowjetunion auf Westeuropa wachsen.
- Westeuropa werde durch eine mögliche Unterbrechung der sowjetischen Erdgaslieferungen ›gefährlich verletzbar‹.
- Das finanzielle Risiko des Großprojekts liege allein bei den westlichen Banken.
- Zusammen mit der Bindung des westlichen Kapitals werde die folgende sowjetische Beherrschung eines bedeutenden westeuropäischen Marktes potentielle Investitionen in sichere westliche Alternativprojekte verdrängen.
- Die ›deutsche Hausfrau‹ werde vermutlich ›langfristig mehr für das sowjetische Erdgas zahlen, als sie für verfügbare Alternativen zu zahlen gehabt hätte‹, weil die Marktkräfte durch Eingriffe der Politik ausgeschaltet würden.

US-Unterstaatssekretär für Wirtschaft Robert Hormats ergänzte Perles Aussagen mit dem Hinweis, die Sowjetunion habe in der Vergangenheit schon mehrfach durch Lieferungsstopps politischen Druck ausgeübt.«

Weitgehend unbekannt dürfte in diesem Zusammenhang schlussendlich das Projekt Northstar zwischen den USA und der Sowjetunion sein, über das Pohl schreibt: »Bei diesem Projekt waren [...] in der zweiten Hälfte der siebziger Jahre gemeinsam detaillierte Planungen über den Abbau der nordwestsibirischen Erdgasfelder unter Heranziehung amerikanischer Anlagen, Technologien und Kredite durchgeführt worden. Die Firma General Electric hatte hierzu eine Projektstudie unter dem Namen ›Northstar‹ erarbeitet. Der Grundgedanke dieses Projekts war die Verschiffung von verflüssigtem Erdgas in die USA.«

Dieser Blick in die Geschichte zeigt, dass die deutsch-sowjetischen Gasgeschäfte seit Anbeginn gegen erhebliche außenpolitische Widerstände und mit maßgeblicher Unterstützung durch deutsche Politiker auf den Weg gebracht worden sind.

Nach dem Zusammenbruch des Sozialismus im Ostblock und mit der deutschen Wiedervereinigung begann eine neue Etappe der nunmehr deutsch-russischen Zusammenarbeit auf dem Gebiet der Gaswirtschaft. Obwohl unser Schwerpunkt hier auf den Gasgeschäften vor 1990 liegt, seien der Vollständigkeit einige wichtige Aspekte aus der jüngeren Geschichte erwähnt. Da es sich hier um reine Fakten handelt, dürfte deren Nennung zwischen den beiden Verhandlungsparteien keine Kontroversen auslösen.

Im Dezember 2005 begann der Bau der Gaspipeline Nord Stream 1. Die zweisträngige Transportinfrastruktur besitzt eine jährliche Transportkapazität von 55 Milliarden Kubikmetern. Die offizielle Einweihung erfolgte am 8. November 2011 durch die deutsche Bundeskanzlerin Angela Merkel und dem russischen Präsident Dmitry Medwedew. Seit der Fertigstellung wurden rund 441 Milliarden Kubikmeter Erdgas geliefert[69].

Im Jahr 2018 begann der Bau der Pipeline Nord Stream 2, deren Transportkapazität ebenfalls bei 55 Milliarden Kubikmetern pro Jahr lag. Im September 2021 war der Bau der beiden neuen Stränge von Nord Stream abgeschlossen. Ende 2021 wurden die Leitungen zwar zu Testzwecken befüllt, es kam jedoch nicht zu kommerziellen Gaslieferungen. Am 7. Februar 2022 erhielt der amerikanische Präsident Joe Biden während einer Pressekonferenz[70] anlässlich des Besuchs des deutschen Bundeskanzlers Olaf Scholz die Frage: »Sie sind gegen Nord

Stream 2. [...] Haben Sie Zusicherungen von Bundeskanzler Scholz bekommen, dass Deutschland dieses Projekt stoppen wird, wenn Russland in die Ukraine eimarschiert?« Seine Antwort lautete: »Wenn Russland zum Beispiel mit Panzern und Truppen die Grenze zur Ukraine überquert, wird es Nord Stream 2 nicht mehr geben.« Mit der Sprengung beider Stränge von Nord Stream 1 und eines Stranges von Nord Stream 2 am 26. September 2022 kann das Projekt »Gasgeschäfte« als beendet betrachtet werden. Die Verantwortlichen für diesen schweren Anschlag auf die deutsche Energieinfrastruktur sind bislang nicht identifiziert.

2.6 Gasembargo

Worum geht es?

Unter dem Begriff Gasembargo wollen wir den Einbruch russischer Erdgaslieferungen nach Deutschland seit dem Beginn des Ukrainekriegs am 24. Februar 2022 verstehen. Da es von deutscher Seite kein gesetzliches Verbot von Gaslieferungen aus Russland und somit – anders als bei den bisherigen fünf Beispielen – auch kein »Staatsprojekt« gab, könnte der Begriff Gasembargo auf den ersten Blick übertrieben erscheinen.

Jedoch wurden vom deutschen Bundeskanzler und von anderen Regierungsvertretern der Verzicht auf russisches Erdgas und Erdöl als politisches Ziel ausgerufen und mit konkreten Maßnahmen hinterlegt. Diese werden weiter unten beschrieben. Angesichts der zahlreichen öffentlichen Willenserklärungen ist es mithin angebracht, von einem de-facto-Embargo zu sprechen. Hinzu kommt, dass auch die russische Seite ihrerseits die Gaslieferungen teilweise eingeschränkt hat – wenngleich mit Verweis auf vermeintlich technische Gründe – und der Begriff des Embargos somit auf Handlungen beider Seiten angewandt werden kann.

Ein Blick auf die Daten

Bis zum Beginn des Ukrainekriegs importierte Deutschland aus Russland pro Tag Erdgas mit einem Energiegehalt von etwa einer Terawattstunde[71]. Diese Menge an chemischer Energie liegt – rein rechnerisch – in der gleichen Größenordnung wie die in Deutschland jeden Tag erzeugte elektrische Energie. (Auch hier dient die Gegenüberstellung chemischer und elektrischer Energie lediglich der Illustration, obwohl die beiden Energieformen nicht direkt vergleichbar sind.) Die zitierte Grafik zeigt, dass die täglichen Importe im Juni 2022 auf weniger als 250 Gigawattstunden zurückgingen und ab September 2022 zum Erliegen kamen.

Bis zur Energiekrise des Jahres 2022 war es unter Fachleuten, speziell im Fachgebiet Energiesystemanalyse, in Deutschland weitgehend Konsens, dass die Dekarbonisierung des elektrischen Energiesystems bis 2050 mit einer Kombination aus Sonnenenergie, Windenergie und Gaskraftwerken in bezahlbarer Weise möglich sei. Dabei sollte preisgünstiges Erdgas die schwankende Stromerzeugung von Sonne und Wind ausgleichen.

So gibt die Studie[72] »Energiesystem Deutschland 2050« des Fraunhofer-Instituts für Solare Energiesysteme aus dem Jahr 2013 in Abbildung 11 auf Seite 23 für das Jahr 2050 einen Erdgasbedarf in Höhe von 394 Terawattstunden an. Dieser Studie liegt die stillschweigende Annahme zugrunde, dass dieser Bedarf maßgeblich mit kostengünstigem russischem Erdgas gedeckt werden kann.

Ein Blick in die Geschichte

Um das Gasembargo im Zuge des Ukrainekrieges zu verstehen, ist zunächst ein Blick in die Vorgeschichte hilfreich. Schon vor dem Ukrainekrieg waren die Erdgaspreise in Europa stark angestiegen – von unter 25 €/MWh in den Jahren vor 2021 auf fast 150 €/MWh am Ende des Jahres 2021[73]. Gleichzeitig waren die Gasliefermengen aus Russland in die EU schon zwischen den Vorkriegsjahren 2019 und 2021 deutlich gefallen – von knapp 40 Terawattstunden pro Woche im Oktober 2019 auf 25 Terawattstunden pro Woche im Oktober 2021[74]. An diesen Zahlen wird erkennbar, dass die verkürzte Darstellung falsch ist, der zufolge die Energiekrise alleinige Folge des Ukrainekrieges sei.

Das Absinken der aus Russland importierten Gasmengen führte zu dem Vorwurf, Russland würde die Gaspreise durch zielgerichtete Verknappung vorsätzlich in die Höhe treiben. Dies wurde von russischer Seite verneint. Der Gasexperte Jack Sharples vom Oxford Institute for Energy Studies schätzte zu dieser Zeit gegenüber BBC ein: »Dies lässt den Schluss zu, dass Gazprom das im Rahmen seiner langfristigen Verträge vereinbarte Volumen liefert – aber es stellt keine zusätzlichen Mengen bereit.« Für die These, dass beide Seiten einen Anteil am Absinken der Lieferungen vor dem Ukrainekrieg haben, spricht die Tatsache, dass es auch in der EU und in den USA schon vor dem Ukrainekrieg Bestrebungen gab, die Fertigstellung und Inbetriebnahme der Erdgaspipeline Nord Stream 2 zu verzögern oder gänzlich zu verhindern.

Vor diesem geschichtlichen Hintergrund wird verständlich, dass schon vor, aber erst recht nach dem Beginn des Ukrainekriegs die Frage nach der Verantwortung für den Lieferstopp ein schwer entwirrbares Bündel an Argumenten bildet. Es umfasst einerseits den Vorwurf, der russische Präsident Wladimir Putin würde Erdgas als politische Waffe gebrauchen und Lieferungen vorsätzlich stoppen lassen.

Andererseits formulierten deutsche Politiker klare Direktiven, sich von russischem Erdgas unabhängig zu machen. So sagte die deutsche Außenministerin Annalena Baerbock im April 2022[75]: »Deshalb sage ich hier klar und deutlich: Ja, auch Deutschland lässt die russischen Energieimporte komplett auslaufen. [...] Wir werden bis zum Sommer das Öl halbieren und bis Ende des Jahres bei null sein. Und dann wird Gas folgen, in einem gemeinsamen europäischen Fahrplan – denn unser gemeinsamer Ausstieg, der vollständige Ausstieg mit der Europäischen Union, ist unsere gemeinsame Stärke. [...] Wir müssen mit Hochdruck unsere russische Energieabhängigkeit beenden.«

Bundeskanzler Olaf Scholz führte am 22. Februar 2022 aus: »Ich sprach davon: Die Lage ist heute eine grundlegend andere. Deshalb müssen wir angesichts der jüngsten Entwicklung diese Lage auch neu bewerten – übrigens auch im Hinblick auf Nord Stream 2. Ich habe das Bundeswirtschaftsministerium heute gebeten, den bestehenden Bericht zur Analyse der Versorgungssicherheit bei der Bundesnetzagentur zurückzuziehen. Das klingt zwar technisch, ist aber der nötige verwaltungsrechtliche Schritt, damit jetzt keine Zertifizierung der Pipeline erfolgen kann – und ohne diese Zertifizierung kann Nord Stream 2 ja nicht in Betrieb gehen.«

Das Geschilderte zeigt, dass der Zusammenbruch der Erdgasimporte aus Russland ungeachtet der ungeklärten Frage nach den Verantwortlichen für die Sprengung der Nord Stream Pipeline maßgeblich auf Entscheidungen der Bundesregierung zurückgeht. Insofern kann das Gasembargo durchaus als Staatsprojekt im Sinne unserer Abschnittsüberschrift betrachtet werden.

2.7 Erneuerbare-Energien-Gesetz EEG

Worum geht es?

Jeder Betreiber einer Anlage, die erneuerbare Energie ins deutsche Stromnetz einspeist, erhält seit dem Jahr 2000 auf Grund des Erneuerbare-Energien-Gesetzes (EEG) für jede ins Netz eingespeiste Kilowattstunde Geld. Aus den gleichen Gründen wie beim Kohlepfennig, der zunächst vom Stromkunden und später aus dem Bundeshaushalt bezahlt wurde, würde die Bezeichnung als Subvention vermutlich in beiden Fraktionen der Verhandlungsdelegation Zustimmung finden, auch wenn es unter Ökonomen strittig sein mag, ob der Begriff für den Zeitraum 2000 bis 2022 vollumfänglich berechtigt ist.

Unter EEG-Subventionen verstehen wir im Folgenden die Gesamtheit der Zahlungen an die Betreiber von Energieerzeugungsanlagen vom Inkrafttreten des Erneuerbare-Energien-Gesetzes (EEG) im Jahr 2000 bis zum heutigen Tag. Von 2000 bis 2022 wurden die EEG-Zahlungen vom Stromkunden aufgebracht. Seit Juli 2022 werden die Zahlungen aus dem Staatshaushalt bezahlt und sind zweifelsfrei als Subventionen zu bezeichnen.

Ein Blick auf die Daten

Am 25. Februar 2000 beschloss der Bundestag das Erneuerbare-Energien-Gesetz EEG. Der Gesetzestext[76] wurde am 31. März 2000 im Bundesgesetzblatt in Bonn veröffentlicht und trägt die Unterschriften von Bundespräsident Johannes Rau, Bundeskanzler Gerhard Schröder, Wirtschaftsminister Werner Müller und Finanzminister Hans Eichel. Das Dokument ist knapp und verständlich. Der Hauptteil umfasst nur drei Seiten und ist – für Gesetze ansonsten ungewöhnlich – für Normalbürger in weiten Teilen nachvollziehbar. Im Text wird klar dargelegt, um welche Energiequellen es sich handelt, nämlich »Wasserkraft, Windkraft, solare [...] Strahlungsenergie, Geothermie, Deponiegas, Klärgas, Grubengas oder [...] Biomasse«. Auch wird deutlich, wer dem Betreiber erneuerbarer Energieanlagen eine Vergütung zu zahlen hat, nämlich: »Netzbetreiber sind verpflichtet, Anlagen zur Erzeugung von Strom nach § 2 an ihr Netz anzuschließen, den gesamten angebotenen Strom aus diesen Anlagen vorrangig abzunehmen und den eingespeisten Strom nach §§ 4 bis 8 zu vergüten.«

Über die Wirkung der über das EEG in Bewegung gesetz-
ten Strommengen und Geldflüsse wären sich die beiden
Verhandlungsdelegationen in unserem fiktiven Energiegipfel
vermutlich weitgehend einig. Doch bevor wir diese Zahlen
zusammentragen, ist es erhellend, noch einen weiteren Blick
in die historische Erstfassung zu werfen. Hier würde die ökologisch-soziale Fraktion (ÖS) andere Aspekte in den Vordergrund stellen als die freiheitlich-konservative (FK).

Die ÖS-Fraktion würde vermutlich erwähnen, dass zu
Beginn des Gesetzestextes eine klare Zielstellung formuliert
wird. In § 1 heißt es: »Ziel dieses Gesetzes ist es, im Interesse des Klima- und Umweltschutzes eine nachhaltige Entwicklung der Energieversorgung zu ermöglichen und den Beitrag
Erneuerbarer Energien an der Stromversorgung deutlich zu
erhöhen.« Obwohl im Rahmen des aktuellen Tagesordnungspunktes nur Informationen zusammengetragen werden sollten, ohne Bewertungen vorzunehmen, würden die Ökologisch-Sozialen diesen Aspekt aller Wahrscheinlichkeit nach als
positives Merkmal würdigen.

Im Gegenzug würden sich auch die Freiheitlich-Konservativen eine winzige Verletzung der Spielregeln erlauben und sinngemäß argumentieren, »dass schon der erste Gesetzestext wegen seiner Zahlenwillkür den Geist staatlicher Planwirtschaft
atmet«. So wird Strom aus Windkraftanlagen mit 17,8 Pfenni-
gen pro Kilowattstunde vergütet, während »Strom aus solarer
Strahlungsenergie« 99 Pfennige pro Kilowattstunde erbringt.
Die Freiheitlich-Konservativen würden vermutlich unterstellen, die hohe Vergütung der Solarenergie trüge die Handschrift
des EUROSOLAR-Präsidenten Hermann Scheer, einem der Vä-
ter des EEG.

Beide Seiten würden wertfrei hervorheben, dass im Gesetz
der Wille erkennbar ist, die Subvention zeitlich zu befristen. So
heißt es in § 8: »Für Strom aus solarer Strahlungsenergie beträgt die Vergütung mindestens 99 Pfennig pro Kilowattstunde. Die Mindestvergütung wird beginnend mit dem 1. Januar

5 EEG-Subventionen für die Jahre 2000 bis 2021

Jahr	EEG-Kosten pro Jahr	EEG-Kosten kumuliert
2000	0,864 Mrd. €	0,9 Mrd. €
2001	1,576 Mrd. €	2,4 Mrd. €
2002	2,226 Mrd. €	4,7 Mrd. €
2003	2,608 Mrd. €	7,3 Mrd. €
2004	3,611 Mrd. €	10,9 Mrd. €
2005	4,398 Mrd. €	15,3 Mrd. €
2006	5,606 Mrd. €	20,9 Mrd. €
2007	7,593 Mrd. €	28,5 Mrd. €
2008	8,716 Mrd. €	37,2 Mrd. €
2009	10,451 Mrd. €	47,6 Mrd. €
2010	13,574 Mrd. €	61,2 Mrd. €
2011	17,157 Mrd. €	78,4 Mrd. €
2012	19,711 Mrd. €	98,1 Mrd. €
2013	20,292 Mrd. €	118,4 Mrd. €
2014	22,148 Mrd. €	140,5 Mrd. €
2015	25,090 Mrd. €	165,6 Mrd. €
2016	25,239 Mrd. €	190,9 Mrd. €
2017	26,032 Mrd. €	216,9 Mrd. €
2018	25,705 Mrd. €	242,6 Mrd. €
2019	27,632 Mrd. €	270,2 Mrd. €
2020	29,841 Mrd. €	300,1 Mrd. €
2021	19,661 Mrd. €	319,7 Mrd. €

Kosten der EEG-Subventionen für die Jahre 2000–2021,
in denen die EEG-Umlage von den Stromkunden bezahlt wurde.
Eigene Berechnung als Summe aus Einspeisevergütung[77], Marktprämie[78]
und sonstigen Kosten. Seit Juli 2022 wird die EEG-Umlage aus dem
Staatshaushalt finanziert. Alle Kosten ohne Inflationsausgleich

2002 jährlich jeweils für ab diesem Zeitpunkt neu in Betrieb genommene Anlagen um jeweils fünf vom Hundert gesenkt; der Betrag der Vergütung ist auf eine Stelle hinter dem Komma zu runden.«

Als nächstes würden sich die Verhandlungsparteien an die Arbeit machen, die Zahlen zum EEG zusammenzutragen. Der Anteil erneuerbarer Energie an der Nettostromproduktion ist gut dokumentiert, zum Beispiel in den Publikationen der Arbeitsgruppe Energiebilanzen, AGEB. Dieser Anteil ist auf Grund des EEG von 6,8 Prozent im Jahr 2000 auf 54,8 Prozent im Jahr 2023 angestiegen[79]. Insofern könnten die Parteien konstatieren, dass derjenige Teil des Ziels, der sich im Ur-EEG auf das Wachstum des Anteils erneuerbarer Energien am Strommix bezog, erfüllt worden ist.

Die Kosten des EEG sind nicht ganz so leicht zu beziffern, da sie sich aus Einspeisevergütung, Marktprämie und sonstigen Kosten wie zum Beispiel Mieterstromzuschlag, Förderung von Flexibilität und vermiedenen Netzentgelten zusammensetzen.

Auch würden die Verhandlungsparteien beim Recherchieren feststellen, dass deutsche Ministerien und Behörden in ihren Internetauftritten bei der Rechenschaftslegung über Subventionshöhen weniger kommunikationsfreudig sind als beim Verfassen von Erfolgsmeldungen über erneuerbare Energieanteile an der Stromproduktion.

Tabelle 5 gibt auf der Basis eigener Berechnungen einen Überblick über die jährlichen EEG-Kosten sowie über die kumulierten Förderbeträge. Die Tabelle zeigt, dass sich die summarischen Kosten vom Beginn des EEG bis zum Jahr 2021, dem letzten vollständigen Jahr vor der Umetikettierung, ohne Inflationsausgleich auf knapp 320 Milliarden Euro belaufen. Seit dem Juli 2022 werden die EEG-Umlagen nicht vom Stromkunden, sondern vom Staat aus Steuergeldern finanziert.

Im Laufe seines Daseins ist das EEG hinsichtlich Seitenzahl und Regulierungstiefe stetig gewachsen. Während das Ur-EEG fünf Seiten umfasste, breitet sich die aktuelle Version aus dem Jahr 2021 auf sagenhaften 154 Seiten aus. So ist beispielsweise die Zahl der Vergütungskategorien für den Ökostrom inzwischen auf 5900 angewachsen.

Paragraph 36h mit dem Titel »Anzulegender Wert für Windenergieanlagen an Land« verdeutlicht beispielhaft, wie ein Gesetzeswerk durch aberwitzige Komplexität außer Kontrolle geraten kann – eine Beobachtung, der vermutlich beide Verhandlungsparteien zustimmen würden. In § 36h heißt es unter anderem: »Der Netzbetreiber berechnet den anzulegenden Wert aufgrund des Zuschlagswerts für den Referenzstandort nach Anlage 2 Nummer 4 für Strom aus Windenergieanlagen an Land mit dem Korrekturfaktor des Gütefaktors, der nach Anlage 2 Nummer 2 und 7 ermittelt worden ist. Es sind folgende Stützwerte anzuwenden [...] Für die Ermittlung der Korrekturfaktoren zwischen den jeweils benachbarten Stützwerten findet eine lineare Interpolation statt. Der Korrekturfaktor beträgt unterhalb des Gütefaktors von 60 Prozent 1,35 und oberhalb des Gütefaktors von 150 Prozent 0,79. Gütefaktor ist das Verhältnis des Standortertrags einer Anlage nach Anlage 2 Nummer 7 zum Referenzertrag nach Anlage 2 Nummer 2 in Prozent.«

Ein Blick in die Geschichte

Hans-Josef Fell empfängt am 15. August 2024 in seinem gemütlichen Massivholzhaus im fränkischen Hammelburg. Das Haus ist nach seiner Aussage energieautark – Strom kommt aus Photovoltaik-Modulen auf dem grasbegrünten Dach und einem Mini-Blockheizkraftwerk auf Pflanzenölbasis im Keller, Wärme aus einer solarthermischen Anlage, die beiden Elektroautos werden mit eigenem Strom geladen.

Eine Stromleitung zum Energieversorger existiert zwar, aber es gebe einen Schalter, mit dem die Verbindung getrennt werden könne.

Fell ist der Vater des EEG. Auf dem Tisch im Garten liegen Ordner aus der Zeit der Anfänge des EEG, die er für meine Recherche freundlicherweise herausgeholt hatte. Bei einem echten Energiegipfel hätten die Teilnehmer Fell als Sachverständigen eingeladen. In unserem Fall reist der Autor zum Politiker.

Die Geschichte des EEG begann 1999. Die vier Bundestagsabgeordneten Hermann Scheer, Hans-Josef Fell, Dietmar Schütz und Michaele Hustedt erarbeiteten einen Gesetzentwurf zur Förderung der Einspeisung elektrischer Energie aus erneuerbaren Quellen. Der Sozialdemokrat Scheer war von 1988 bis zu seinem Tod im Jahr 2010 Präsident der europäischen Vereinigung EUROSOLAR und genoss in der Vierergruppe die größte nationale und internationale Bekanntheit.

Fell, Mitglied von Bündnis90/Die Grünen, hat nach eigener Aussage die entscheidende Vorarbeit für das Gesetz geleistet: »Ich habe mich einfach hingesetzt und zusammen mit meinen Mitarbeitern einen Entwurf geschrieben.« Der Oldenburger Sozialdemokrat Schütz sorgte für die notwendige Mehrheit in der SPD-Bundestagsfraktion. Hustedt übte das Amt der energiepolitischen Sprecherin der Grünenfraktion im Bundestag aus.

Im Gespräch nennt Fell vier Merkmale, die ihm beim Entwurf des Gesetzes besonders wichtig waren. Erstens sollte das Gesetz eine eindeutige physikalische Definition enthalten, was genau unter erneuerbaren Energien verstanden werden sollte. Zweitens sollte für die Investoren in erneuerbare Energieanlagen eine Rendite in der Größenordnung von fünf bis sieben Prozent herauskommen. Vierjahresberichte sollten sicherstellen, dass keine »Übergewinne« entstehen. Drittens hielt Fell eine Investitionssicherheit über zwanzig Jahre für wichtig. Viertens sollte das Gesetz eine Degression enthalten, so dass die Förderung eines Tages auf Null absinken könne. Diese Punkte waren nach seiner Auskunft im Gesetz berücksichtigt worden.

Zum ersten Jahrestag des EEG organisierte Fell im März 2001 in seiner Heimat öffentlichkeitswirksame Feierstunden. Die Presse resümierte am 19. März 2001: »Gemeinhin begrüßt wurde auch die beschäftigungsfördernde Wirkung des Gesetzes, dessen Möglichkeiten nach Ansicht der Grünen durch die Politik der Landesregierung in Bayern nicht hinlänglich ausgeschöpft werden können. Dem Freistaat drohe durch das Festhalten der CSU an der atomaren Energieerzeugung eine Randlage.«

Die späteren Beurteilungen des EEG gehen naturgemäß weit auseinander. Da in diesem Kapitel lediglich Fakten gesammelt werden sollen, ohne ausführliche Urteile zu fällen, sei hier je eine repräsentative Aussage für jede Fraktion angeführt, die etwas Faktenmaterial enthält.

Für die ÖS-Fraktion dürfte Fells eigene Stellungnahme repräsentativ sein. Zum zwanzigsten Jubiläum der Bundestagsabstimmung schreibt er auf seiner Webseite[80]: »Vor genau 20 Jahren, am 25. Februar 2000, wurde das Erneuerbare-Energien-Gesetz (EEG) im Bundestag beschlossen. Es hat eine globale Energierevolution angestoßen. Solar und Wind wurden zu den kostengünstigsten Energiequellen überhaupt, sie stoßen im Betrieb keine Emissionen aus. Das EEG kann daher als das erfolgreichste Gesetz für den Klimaschutz bezeichnet werden. Klimaschutz ist heute keine wirtschaftliche Belastung mehr, sondern sogar ökonomisch vorteilhaft geworden.«

Die FK-Fraktion würde hingegen möglicherweise eher die Entstehungsgeschichte des EEG thematisieren. Hierzu resümiert der Journalist Alexander Wendt[81]: »Die Entstehung des Erneuerbare-Energien-Gesetzes gehört zu den bemerkenswertesten Fällen der Parlamentsgeschichte. Kein Partei- oder Wahlprogramm kündigte es an, ihm ging praktisch keine öffentliche Debatte voraus. Die meisten Abgeordneten, die dafür die Hand hoben, verstanden erklärtermaßen wenig bis nichts von seinem Inhalt und glaubten fest daran, ein

Nischenthema abgehakt zu haben. Eines der Dinge, die der damalige Kanzler Gerhard Schröder unter dem Begriff ›Gedöns‹ zu subsumieren pflegte.«

2.8 Verbote

Worum geht es?

Dieser Abschnitt handelt von zwei Mücken und zwei Elefanten. Die Mücken sind das Glühlampenverbot und die Begrenzung der Leistung von Staubsaugern, im Folgenden als »Staubsaugerrichtlinie« bezeichnet. Die Elefanten sind das für 2035 geplante de-facto-Verbot von Autos mit Verbrennungsmotoren, im Volksmund »Verbrennerverbot«, sowie das im Jahr 2023 verschärfte Gebäudeenergiegesetz GEG, welches landläufig als »Heizgesetz« bezeichnet wird. Das Heizgesetz kommt insofern einem Verbot gleich, als es für die Neuanschaffung von Gas- und Ölheizungen hohe Hürden aufbaut. Im weiteren Sinne des Wortes umfasst die Überschrift »Verbote« auch Gebäudeeffizienzverordnungen und Dämmpflichten, weil diese einem Verbot des Baus schwach gedämmter Häuser gleichkommen.

Die beiden Mücken wurden ungeachtet ihrer geringen energiepolitischen Bedeutung aus zwei Gründen in dieses Kapitel aufgenommen. Zum einen werden die von der EU initiierten Richtlinien von vielen Vertretern des freiheitlich-konservativen Lagers als obrigkeitsstaatliche Einmischung in das Privatleben der Bürger empfunden und haben dem Ansehen der EU bei diesem Personenkreis geschadet. Zum anderen lassen sich an Glühlampenverbot und Staubsaugerrichtlinie die subtilen gesetzgeberischen Mechanismen einer schleichenden Freiheitsbeschränkung in Reinkultur studieren. So lässt sich ihr Wirken bei schwerwiegenden Eingriffen – Verbrennerverbot und Heizungsgesetz – besser verstehen.

Ein Blick auf die Daten

Das Glühlampenverbot trat als EU-Verordnung im Jahr 2009 in Kraft. Es trägt den offiziellen Titel: »Verordnung (EG) Nr. 244/2009 der Kommission vom 18. März 2009 zur Durchführung der Richtlinie 2005/32/EG des Europäischen Parlaments und des Rates im Hinblick auf die Festlegung von Anforderungen an die umweltgerechte Gestaltung von Haushaltslampen mit ungebündeltem Licht«.

Das Dokument enthält in der Präambel unter Absatz 8 einige Eckdaten, die die Motivation für das Gesetzgebungsverfahren verdeutlichen. Dort werden der Stromverbrauch für Beleuchtung in der EU in einer geschätzten Höhe von 112 Terawattstunden im Jahr 2007 und ein damit verbundenen Ausstoß von 45 Millionen Tonnen CO_2 genannt. Die Verordnung soll dazu dienen, Stromverbrauch und CO_2-Emissionen der Beleuchtung zu senken. Dazu werden in Artikel 3 »Ökodesign-Anforderungen« festgelegt, die sich nach einem zeitlich gestaffelten Stufenplan verschärfen. Zwar erscheint im Dokument das Wort »Verbot« an keiner einzigen Stelle. Doch kommt die allmähliche Verschärfung der geforderten Effizienzgrößen ab einem bestimmten Zeitpunkt dem Verbot von Glühbirnen gleich.

Die Staubsaugerrichtlinie trat als »Verordnung (EU) Nr. 666/2013 der Kommission vom 8. Juli 2013 zur Durchführung der Richtlinie 2009/125/EG des Europäischen Parlaments und des Rates im Hinblick auf die Festlegung von Anforderungen an die umweltgerechte Gestaltung von Staubsaugern« in Kraft. Die Richtlinie nennt in der Präambel in Absatz 5 als Motivation den Stromverbrauch »der von dieser Regelung erfassten Produkte« in geschätzter Höhe von 18 Terawattstunden für das Jahr 2006. Das Dokument verweist auf eine Studie, der zufolge der Stromverbrauch erheblich gesenkt werden könne.

Auch in dieser Richtlinie kommt das Wort »Verbot« an keiner Stelle vor. Ähnlich wie bei den Glühbirnen legt das

Dokument vielmehr in Artikel 3 »Ökodesign-Anforderungen« fest, die einer inkrementellen Beschränkung der Leistung von Staubsaugern gleichkommen. Die Regulierungsdichte wird in Artikel 2 »Begriffsbestimmungen« deutlich. Dort finden sich unter 20 akribisch beschriebenen Gerätegruppen unter anderem als Kategorie 12 die für das Weltklima bedeutsamen Bohnermaschinen.

Das Verbrennerverbot trat unter dem Namen »Verordnung (EU) 2023/851 des Europäischen Parlaments und des Rates vom 19. April 2023 zur Änderung der Verordnung (EU) 2019/631 im Hinblick auf eine Verschärfung der CO_2-Emissionsnormen für neue Personenkraftwagen und für neue leichte Nutzfahrzeuge im Einklang mit den ehrgeizigeren Klimazielen der Union« in Kraft.

Das Dokument beginnt mit einer Präambel, die »in Erwägung nachstehender Gründe« 36 Argumente für die Notwendigkeit der Verordnung auflistet. Neben einem Verweis auf das Pariser Klimaabkommen von 2015 findet sich dort unter anderem die Passage: »Das Europäische Parlament forderte in seiner Entschließung vom 15. Januar 2020 zum europäischen Grünen Deal, den notwendigen Übergang zu einer klimaneutralen Gesellschaft bis spätestens 2050 zu verwirklichen, und rief in seiner Entschließung vom 28. November 2019 zum Klima- und Umweltnotstand den Klima- und Umweltnotstand aus.«

Zur eigentlichen Bestimmung der für Laien schwer lesbaren Richtlinie heißt es in Artikel I: »Die Verordnung (EU) 2019/631 wird wie folgt geändert: 1. Artikel 1 wird wie folgt geändert: [...] b) Folgender Absatz wird eingefügt: ›(5a) Ab dem 1. Januar 2035 gelten die folgenden EU-weiten Flottenziele: a) für die durchschnittlichen Emissionen der Flotte neuer Personenkraftwagen, ein EU-weiter Flottenzielwert, der einer Verringerung des Ziels für das Jahr 2021 um 100 % entspricht und gemäß Anhang I Teil A Nummer 6.1.3 ermittelt wird‹ [...]«. In verständliches Deutsch übersetzt heißt

6 Durch EU-Richtlinien regulierte Produkte

Losnummer	Produktgruppe	Status
ENER 1	Heizkessel und Kombiboiler (Gas/Öl/elektrisch)	VO (EU) 813/2013, VO (EU) 811/2013
ENER 2	Warmwasserbereiter (Gas/Öl/ elektrisch)	VO (EU) 814/2013, VO (EU) 812/2013
ENER 3	PCs (Desktop/Laptop) und Computermonitore	VO (EU) 617/2013
ENER 4	Bildgebende Geräte (Drucker, Scanner, Kopierer ...)	(Selbstregulierung) Konsultations- forum
ENER 5	Fernsehgeräte / Displays	VO (EU) 2019/2021, VO (EU) 2019/2013
ENER 6	Leerlauf- und Schein-aus-Verluste (stand-by)	VO (EU) 2023/826, VO (EG) 1275/2008
ENER 7	Ladegeräte und Netzteile	VO (EU) 2019/1782
ENER 8,9	Bürobeleuchtung und Straßen- beleuchtung	siehe ENER 19
ENER 10	Klima- und Lüftungstechnik im Haushalt	VO (EU) 206/2012, VO (EU) 626/2011
ENER 11	Elektromotoren	VO (EU) 2019/1781
ENER 11	Umwälzpumpen	VO (EG) 641/2009
ENER 11	Ventilatoren	VO (EU) 327/2011
ENER 11	Wasserpumpen	VO (EU) 547/2012
ENER 12	Gewerbliche Kühltheken und -regale	VO (EU) 2019/2024, VO (EU) 2019/2018
ENER 13	Kühl- und Tiefkühlgeräte im Haushalt	VO (EU) 2019/2019, VO (EU) 2019/2016
ENER 14	Geschirrspüler im Haushalt	VO (EU) 2019/2022, VO (EU) 2019/2017
ENER 14	Waschmaschinen und Waschtrockner im Haushalt	VO (EU) 2019/2023, VO (EU) 2019/2014
ENER 15	Festbrennstoffkessel	VO (EU) 2015/1189, VO (EU) 2015/1187
ENER 16	Wäschetrockner	VO (EU) 2023/2533, VO (EU) 2023/2534 und VO (EU) 932/2012, VO (EU) 392/2012
ENER 17	Staubsauger	VO (EU) 666/2013
ENER 18	Komplexe Set-Top-Boxen	Selbstregulierung
ENER 19	Haushaltsbeleuchtung, allgemeine Beleuchtung	VO (EU) 2019/2020, VO (EU) 2019/2015
ENER 20	Einzelraumheizgeräte	VO (EU) 2015/1188, VO (EU) 2015/1185 und VO (EU) 2015/1186, VO (EU) 2024/1103

Losnummer	Produktgruppe	Status
ENER 21	Warmluftzentralheizung (ohne KWK)	VO (EU) 2016/2281
ENER 22	Haushaltsöfen und -herde, Dunstabzugshauben	VO (EU) 66/2014, VO (EU) 65/2014
ENER 23	Haushaltsherde und -grills	siehe ENER 22
ENER 24	Gewerbliche Geschirrspüler, Waschmaschinen und Trockner	Konsultationsforum
ENER 25	Nicht-gewerbliche Kaffee-maschinen	Aufnahme in VO (EG) 1275/2008
ENER 26	Verbrauch im vernetzten Bereitschaftsbetrieb (networked stand-by)	ändert VO (EG) 1275/2008
ENER 27	Unterbrechungsfreie Strom-versorgungen (USV)	Vorstudie abgeschlossen
ENER 28	Abwasserpumpen und Pumpen für Flüssigkeiten mit hohem Feststoffgehalt	Vorstudie abgeschlossen
ENER 29	Pumpen für Schwimmbecken, Teiche, Brunnen und Aquarien sowie Frischwasserpumpen, die größer als in ENER 11 sind	Vorstudie abgeschlossen
ENER 30	Motoren aus dem Geltungsbe-reich der VO 640/2009 (ENER 11) zwischen 750kW und 1000kW, Produkte in Motorsystemen außerhalb des Anwendungsberei-ches der VO 640/2009 (ENER 11)	Konsultationsforum
ENER 31	Kompressoren	Konsultationsforum
ENER 32	Fenster	Konsultationsforum
ENER 33	smart grid Geräte und Verbrauchszähler	Vorstudie abgeschlossen
ENER 35	Stromerzeuger	keine Maßnahmen
ENER 36	Dämmstoffe	keine Maßnahmen
ENER 37	Beleuchtungssysteme	Vorstudie abgeschlossen
ENER 38	Gebäudeautomation	Vorstudie abgeschlossen

Übersicht über die Produktkategorien, deren Energieverbrauch aufgrund von EU-Richtlinien staatlich reguliert wird
Quelle: Produkttabelle Ökodesign der Bundesanstalt für Materialforschung
https://netzwerke.bam.de/Netzwerke/Navigation/DE/Evpg/EVPG-Produkte/evpg-produkte.html

dies, dass alle ab 2035 zugelassenen Autos emissionsfrei sein müssen. Ähnlich wie schon beim Glühbirnenverbot ist im Text an keiner Stelle von einem Verbot die Rede.

Auch im Weiteren sind die Bestimmungen ungenau. So wird einerseits in Absatz 10 proklamiert: »Die verschärften CO_2-Emissionsnormen sind in Bezug auf die Erreichung der festgelegten Flottenziele technologieneutral.« Andererseits wird wenig später der Verbrennungsmotor mit synthetischen Treibstoffen nicht als Mitglied der Familie der emissionsfreien Mobilitätsformen genannt: »Zu den emissionsfreien Fahrzeugen zählen derzeit batterieelektrische Fahrzeuge, Fahrzeuge mit Brennstoffzellenantrieb und andere mit Wasserstoff betriebene Fahrzeuge; technologische Innovationen schreiten weiter voran.«

Weiter im Gesetzestext bleiben besonders die Ausführungen zu synthetischen Treibstoffen im Ungefähren: »Die Innovationen in der Lieferkette der Automobilbranche schreiten voran. Innovative Technologien wie die Erzeugung von E-Fuels mit CO_2-Gewinnung aus der Luft könnten, wenn sie weiterentwickelt werden, Perspektiven für eine erschwingliche klimaneutrale Mobilität bieten.«

In späteren Dokumenten war die Rede davon, dass die EU bis Ende 2024 die neue Fahrzeugkategorie e-fuels only schaffen solle. Solche Autos sollen gemäß einer Vereinbarung vom März 2023 auch nach 2035 zugelassen werden dürfen. Gleichwohl ist davon auszugehen, dass eine Forderung nach emissionsfreier Mobilität mit Verbrennungsmotoren für breite Bevölkerungsschichten aufgrund der hohen Preise synthetischen Benzins unbezahlbar ist. So hat beispielsweise mein ehemaliger Doktorand Daniel König schon 2016 in seiner Dissertation[82] nachgewiesen, dass synthetische flüssige Treibstoffe um etwa drei Euro pro Liter teurer sind als fossile. Nach derzeitigem Stand der Dinge handelt es sich somit bei der Richtlinie und ihrer bevorstehenden Umsetzung in deutsches Recht um ein de-facto-Verbot von Autos mit Verbrennungsmotoren.

Das Heizgesetz wurde in seiner aktuellen Version[83] am 8. September 2023 vom Bundestag beschlossen und am 16. Oktober 2023 verabschiedet. Am 1. Januar 2024 ist das Gesetz in Kraft getreten. Es legt in Unterabschnitt 4 im § 71 »Anforderungen an eine Heizungsanlage« fest: »(1) Eine Heizungsanlage darf zum Zweck der Inbetriebnahme in einem Gebäude nur eingebaut oder aufgestellt werden, wenn sie mindestens 65 Prozent der mit der Anlage bereitgestellten Wärme mit erneuerbaren Energien oder unvermeidbarer Abwärme nach Maßgabe der Absätze 4 bis 6 sowie der §§ 71b bis 71h erzeugt. Satz 1 ist entsprechend für eine Heizungsanlage anzuwenden, die in ein Gebäudenetz einspeist.«

Für Altanlagen gibt es eine unüberschaubare Vielfalt an Regelungen. Das Heizgesetz fordert, dass ab dem 1. Januar 2024 errichtete Gebäude mindestens 65 Prozent ihrer Energie aus erneuerbaren Energien gewinnen müssen. Damit ist der Neubau reiner Gas- und Ölheizungen ab diesem Datum faktisch nicht mehr möglich.

Ein Blick in die Geschichte

Die vier betrachteten Verordnungen – Glühbirnenverbot, Staubsaugerrichtlinie, Verbrennerverbot und Heizungsgesetz – sind unterschiedlich entstanden. Als Gemeinsamkeit würden jedoch zumindest die FK-Fraktion, möglicherweise jedoch auch einige Mitglieder der ÖS-Delegation herausarbeiten, dass die vier Verordnungen die wachsende Regulierungstiefe und die kaninchenartige Vermehrung gesetzlicher Bestimmungen in Deutschland und der gesamten Europäischen Union versinnbildlichen.

So verweist etwa der Richtlinientext zum Glühlampenverbot von 2009 auf die ältere Ökodesign-Richtlinie[84] 2005/32/ EG vom 6. Juli 2005 »zur Schaffung eines Rahmens für die Festlegung von Anforderungen an die umweltgerechte Gestaltung energiebetriebener Produkte.« Bei dieser handelt es sich um eine sogenannte Rahmenrichtlinie, sozusagen eine Kaninchenmutter, die alsbald unzählige Junge zur Welt gebracht hat.

Die Bundesanstalt für Materialforschung (BAM) gilt für Deutschland laut »Energieverbrauchsrelevante-Produkte-Gesetz« (EVPG) und »Energieverbrauchskennzeichnungsgesetz« (EnVKG) als »beauftragte Stelle« und verwaltet sozusagen den Kaninchenstall. Tabelle 6[85], zitiert aus dem Internetauftritt der BAM, wirft ein Schlaglicht auf die Diversität der in diesem Biotop beheimateten 38 Kaninchenrassen.

In der Vorgeschichte zum Verbrennerverbot lässt sich eine ähnliche Kaskade gesetzgeberischer Verästelungen und schleichender Verschärfungen ausmachen. In den 1990er-Jahren entwickelte die EU zunächst eine Umweltpolitik, die sowohl Luftqualität als auch Klimaschutz umfasste. »Eine Europäische Strategie[86] für Umwelt und Gesundheit« aus dem Jahr 2003 markierte einen ersten Schritt in der EU-Umweltpolitik, die auch in Deutschland ihren Niederschlag fand.

In den 2000er-Jahren wurden weitere Schritte unternommen, um die Treibhausgasemissionen zu reduzieren. Die EU nahm sich vor, ihre Emissionen bis 2020 um 20 Prozent gegenüber dem Niveau von 1990 zu senken, was im »Klimapaket 2008[87]« festgelegt wurde. Die EU führte zunehmend strengere CO_2-Emissionsnormen für Neuwagen ein, um den Ausstoß von Treibhausgasen zu verringern. Die Normen wurden schrittweise verschärft, und Hersteller mussten ihre Fahrzeuge effizienter machen.

Der »Green Deal«, vorgestellt von der Europäischen Kommission unter Präsidentin Ursula von der Leyen, markierte einen entscheidenden Wendepunkt in der EU-Klimapolitik. Er legt das Ziel fest, die EU bis 2050 klimaneutral zu machen. Darunter ist zu verstehen, dass die Summe der von den Mitgliedern der EU hervorgerufenen CO_2-Emissionen Null ist.

Die Vorgeschichte des Heizgesetzes umfasst drei Gesetze, die Energieeinsparverordnung[88] (EnEV), das Erneuerbare-

Energie-Wärmegesetz (EEWärmeG) und das Energieeinspargesetz (EnEG). Die EnEV wurde erstmals 2002 eingeführt und mehrfach novelliert, zuletzt 2014. Sie legte Mindestanforderungen an den Energiebedarf und die Dämmung von Gebäuden fest. Sie zielte darauf ab, den Energieverbrauch in Gebäuden zu reduzieren und die Nutzung erneuerbarer Energien zu fördern. Sie betraf sowohl Neubauten als auch Bestandsgebäude bei größeren Renovierungen.

Das EEWärmeG trat 2009 in Kraft und verpflichtete Bauherren von Neubauten dazu, einen Teil ihres Wärmebedarfs durch erneuerbare Energien zu decken. Das Ziel bestand in der Förderung der Nutzung erneuerbarer Energien im Wärmebereich, der Reduzierung der Abhängigkeit von fossilen Energieträgern und einem Beitrag zum Klimaschutz. Das EnEG diente als rechtliche Grundlage für die EnEV und legte allgemeine Rahmenbedingungen für Maßnahmen zur Energieeinsparung und zur Verbesserung der Energieeffizienz von Gebäuden fest.

Mit der Beschreibung der acht Staatsprojekte zu Energie und Klima aus den vergangenen 70 Jahren ist der Exkurs in die Geschichte und somit auch die Stoffsammlung nebst Expertenanhörung beendet. Den beiden Verhandlungsdelegationen liegt nun das gesamte Faktenmaterial vor, auf dem sie ihre Analysen und den Friedensplan aufbauen können.

Doch vor seiner Formulierung müssen wir uns zwei anderen Fragen zuwenden: Welchen Maßstab sollen die beiden Delegationen eigentlich anlegen, wenn sie Erfolg oder Misserfolg der Energie- und Klimapolitik der vergangenen 70 Jahre bewerten sollen? Wie ist die Gesamtbilanz der acht Staatsprojekte zu Energie und Klima?

Das nächste Kapitel wird der Frage nach dem Bewertungsmaßstab gewidmet sein. In Kapitel 4 wenden wir uns dann stellvertretend für die beiden Verhandlungsdelegationen der detaillierten Bewertung zu.

3. Die Messlatte: Otto Schmidt und der Minimalstaat

3.1 Gesundheitsbilanz eines Kanzlerlebens

Bundeskanzler Helmut Schmidt wurde 96 Jahre alt. Er hat in seinem Leben schätzungsweise[89] eine Million Zigaretten geraucht und damit seine Gesundheit geschädigt. Auch Zeitdruck, Machtkämpfe und Schlafmangel, die das Amt des Bundeskanzlers prägen, schadeten seinem körperlichen Wohl. Andererseits genoss er Ruhm, Macht und Anerkennung – positive Erlebnisse, die sich lebensverlängernd ausgewirkt haben dürften. Wie alt wäre Schmidt ohne Rauch und Ruhm geworden? Hätten die gesundheitsschädlichen oder die gesundheitsfördernden Einflüsse überwogen? Wie müsste man vorgehen, um die Gesundheitsbilanz dieses wechselhaften Kanzlerlebens zu ziehen?

Für eine Beantwortung dieser Frage müsste Helmut Schmidt sein Leben noch einmal leben – ohne Zigaretten, ohne Kanzlerschaft, ohne Höhen, ohne Tiefen. Dieses fiktive Leben wäre der Referenzfall. Die Messlatte. An ihm ließe sich die Gesundheitsbilanz des echten Lebens festmachen. Da es Zeitschleifen nur in Science-Fiction-Romanen gibt, behelfen wir uns mit einem Gedankenexperiment.

Stellen wir uns vor, Helmut hätte einen Zwillingsbruder Otto mit den gleichen Erbanlagen gehabt. Nehmen wir an, Otto Schmidt hätte weder die gesundheitlichen Zumutungen noch die beruflichen Höhenflüge seines prominenten Bruders erlebt. Er hätte nicht geraucht und nicht getrunken. Er wäre jeden Tag eine Stunde mit dem Hund an der frischen Luft spazieren gegangen. Seine berufliche Laufbahn hätte er als Sachbearbeiter in der Führerscheinstelle von Lüneburg verbracht. Arbeitsbeginn 8.00 Uhr, Mittagspause 12.00 bis 12.30 Uhr, Feierabend 16.30 Uhr.

Ohne die Höhen und Tiefen eines Kettenraucher-Kanzlerlebens wäre Zwillingsbruder Otto im wahrsten Sinne des Wortes Otto Normalverbraucher gewesen. Hätte es ihn tatsächlich gegeben, wüssten wir heute, ob Helmut Schmidts Lebensführung unterm Strich lebensverlängernd oder lebensverkürzend gewirkt hat. Ich vermute, Otto Schmidt wäre 110 Jahre alt geworden.

Was hat die Gesundheitsbilanz der Zwillinge Helmut und Otto Schmidt mit Energie- und Klimapolitik zu tun?

3.2 Von Otto Schmidt zum Minimalstaat

Die in Kapitel 2 beschriebenen acht Staatsprojekte haben sich in der Gesundheit von Umwelt und Staatsfinanzen in ähnlich ambivalenter Weise niedergeschlagen wie Mentholzigaretten und Siegesjubel in der Kanzlergesundheit. Wollen wir die langfristige Wirkung der acht energie- und klimapolitischen Maßnahmen auf das energiepolitische Zieldreieck, bestehend aus Versorgungssicherheit, Bezahlbarkeit und Umweltfreundlichkeit, der Energieversorgung Deutschlands bewerten, so benötigen wir eine Messlatte – gewissermaßen das energie- und klimapolitische Analogon zu Otto Schmidt. Dies ist der Minimalstaat. Das Konzept des Minimalstaats wurde von dem Philosophen und Harvard-Professor Robert Nozick[90] im Jahr 1974 formuliert. Es geht auf frühere liberale Theorien zurück, wie sie von John Locke oder Adam Smith entwickelt wurden.

Ein Staatswesen, das sich auf den Schutz des Eigentums und die Sicherstellung öffentlicher Ordnung beschränkt, wird als »Minimalstaat« bezeichnet. Statt dieses neutralen Namens wird im sozial-ökologischen Lager oft der Begriff »Nachtwächterstaat« verwendet. Daran ist nicht das Geringste auszusetzen, sofern man dem freiheitlich-konservativen Lager zugesteht, einen liebevollen Begriff wie etwa »Däumelinchenstaat« zu verwenden. Während unseres Energiegipfels wollen wir bei der neutralen Bezeichnung Minimalstaat bleiben.

Für die Erfüllung seiner Aufgaben reichen dem Minimalstaat im Wesentlichen fünf Ministerien: Justiz, Finanzen, Verteidigung, Inneres und Äußeres. In diesem fiktiven Gemeinwesen gibt es keine Energiepolitik in dem Sinne, wie wir sie heute verstehen. Dennoch existieren zum Schutz der Bürger zumindest zwei Bündel von Gesetzen mit Bezug zur Energieversorgung, nämlich Antimonopolgesetze und Emissionsschutzgesetze.

Antimonopolgesetze hindern Unternehmen am Missbrauch ihrer Marktmacht durch Monopolbildung zu Lasten von Verbrauchern. Diese Gesetze gelten nicht nur für Energieunternehmen, schützen die Bürger aber speziell davor, dass Energiekonzerne ihre marktbeherrschende Stellung für Preissteigerungen missbrauchen.

Emissionsschutzgesetze reichen ebenfalls über die Energieversorgung hinaus. Sie gelten gleichermaßen für Kraftwerke, Aluminiumhütten, Brauereien und Papierfabriken und verhindern Gesundheitsschäden der Bürger, indem sie beispielsweise die Entschwefelung von Abgasen aus Kohlekraftwerken oder die Abgasreinigung von Autos mit Verbrennungsmotoren erzwingen.

Für die Emission von CO_2 gibt es in einem Minimalstaat keine gesetzlichen Regelungen, da CO_2 keine unmittelbare Gesundheitsgefahr darstellt. Die Beteiligung an CO_2-Emissionshandelssystemen, gleichgültig ob national, europäisch oder weltweit, ist ausgeschlossen. Die Wirkungen der CO_2-Emissionen auf die Bürger aufgrund des Klimawandels würden im Minimalstaat allenfalls Klimaanpassungsmaßnahmen auslösen. In einem Minimalstaat existieren überdies keine Energieeffizienzgesetze für Gebäude und Elektrogeräte, keine Subventionen wie das EEG, keine produktspezifischen Steuern wie die Mineralölsteuer und erst recht keine technologiespezifischen Verbote wie das Glühlampenverbot.

Es ist außerordentlich wichtig zu betonen, dass kein einziges Mitglied der Verhandlungsdelegationen unseres Energiegipfels den Minimalstaat befürworten muss. Ebenso wie man den Lebensweg von Otto Schmidt nicht gutheißen muss, um ihn trotzdem als geeigneten Vergleichsfall zu Bruder Helmut anzuerkennen.

Unabhängig davon, wie Sie, liebe Leserinnen und Leser, zum Minimalstaat stehen, werden hoffentlich selbst die überzeugtesten Minimalstaatskritiker unter Ihnen einräumen, dass energie- und klimapolitische Maßnahmen in einem realen Staat nur dann ihre Berechtigung haben, wenn die Nation *mit* ihnen besser dasteht als in einem Minimalstaat *ohne* sie. Damit sind wir bei der entscheidenden Frage angelangt.

Wie wäre das deutsche Energiesystem eigentlich heute beschaffen, wenn es in den vergangenen 70 Jahren seit dem Atomeinstieg keine der im vergangenen Kapitel beschriebenen acht Staatsprojekte gegeben hätte?

3.3 Energiesystem im Minimalstaat

Führen wir das Gedankenexperiment noch einen Schritt weiter und nehmen an, im Minimalstaat hätte es nicht nur keine der acht beschriebenen Maßnahmen gegeben, sondern es wäre überhaupt keine Klimapolitik und – abgesehen von Antimonopolgesetzen und Emissionsschutz – keine Energiepolitik betrieben worden. Wie würde unser Energiesystem heute beschaffen sein?

Ohne die in Kapitel 2 beschriebenen staatlichen Weichenstellungen wie die Gründung eines Atomministeriums, die Einrichtung der beiden Kernforschungszentren Karlsruhe und Jülich und die im Schulterschluss zwischen Wissenschaftlern und Politikern gepflegte Rhetorik vom Atomzeitalter hätte es in einem Minimalstaat BRD keinen deutschen Atomeinstieg gegeben.

Sofern sich Deutschland nicht aus Gründen der Landesverteidigung zur Herstellung eigener Kernwaffen entschlossen und die dafür erforderlichen milliardenschweren Anfangsinvestitionen für eine nationale Atomindustrie aus dem Haushalt des Verteidigungsministeriums gestemmt hätte, wäre kein wirtschaftlich denkender Konzernlenker eines Energieversorgungsunternehmens auf die Idee gekommen, ein Kernkraftwerk zu kaufen oder gar selbst zu bauen. Ohne einen Atomeinstieg hätte es selbstredend auch keinen Atomausstieg gegeben. Mithin müssten selbst die überzeugtesten Kernenergiebefürworter aus der freiheitlich-konservativen Verhandlungsdelegation des Energiegipfels einräumen, dass die Energieversorgung in einem deutschen Minimalstaat vor der Einführung erneuerbarer Energien von den fossilen Energiequellen Kohle, Öl und Gas geprägt gewesen wäre.

Der Verzicht auf Kohlepfennig und Kohleausstieg hätte die Nutzung von Importkohle statt einheimischer Kohle und eine intensive Kohleverstromung zur Folge gehabt. Kohlestrom würde eine tragende Rolle im Energiesystem eines Minimalstaats BRD spielen. Ohne die Gasgeschäfte mit der Sowjetunion hätte Deutschland sein Erdgas bis zu deren Zusammenbruch aus anderen Ländern bezogen. Das Erdgas würde in Gas-und-Dampf-Kraftwerken zur Erzeugung elektrischer Energie, zum Heizen sowie für Industrieprozesse wie beispielsweise gasbefeuerte Glasschmelzwannen genutzt.

Nach dem Zusammenbruch der Sowjetunion hätte es vermutlich ab 1990 preiswerte Gasimporte aus Russland nach Deutschland gegeben. Ohne das Gasembargo im Zusammenhang mit dem Ukrainekrieg und ohne die Sprengung der Nord-Stream-Gasröhren würden diese Importe wahrscheinlich bis heute auf hohem Niveau anhalten.

Wieviel erneuerbare Energie wäre in einem Minimalstaat Deutschland heute installiert?

Böse Zungen aus dem freiheitlich-konservativen Verhand-
lungslager haben hinter vorgehaltener Hand kolportiert, es
gäbe ohne Erneuerbare-Energien-Gesetz EEG in ganz Deutschland nur eine einzige Windkraftanlage. Diese würde auf dem
Grundstück des ehemaligen Bundesumweltministers stehen
und die Nation zum Preis von einer Eiskugel[91] pro Monat mit
Strom versorgen.

Die Realität dürfte freilich etwas anders aussehen. Ohne
die staatliche Förderung der erneuerbaren Stromerzeugung
im Rahmen des EEG würde es nach meiner Überzeugung einige wenige Solar- und Windenergieanlagen in Deutschland
geben. Selbst überzeugte EEG-Befürworter aus der ökologisch-sozialen Verhandlungsdelegation des Energiegipfels
würden vermutlich der These zustimmen, dass sich der Beitrag erneuerbarer Energie an der Gesamtstromerzeugung eines Minimalstaats Deutschland in der Rolle als »Fuel Saver«
im kleinen einstelligen Prozentbereich bewegen würde.

Zusammenfassend würden die Verhandlungsdelegationen
des Energiegipfels mit hoher Wahrscheinlichkeit zu der über-
einstimmenden Einschätzung kommen, dass das Energiesystem in einem hypothetischen Minimalstaat Deutschland
keine Kernkraftwerke und keine nennenswerten Anteile erneuerbarer Energie aufweisen würde. Es wäre von den fossilen
Energieträgern Kohle, Öl und Gas geprägt. Die spezifischen
CO_2-Emissionen des deutschen Stromsektors wären etwas höher als die heute beobachteten knapp 400 Gramm pro Kilowattstunde.

Die Gesamtemissionen pro Kopf der Bevölkerung würden
sich jedoch nicht wesentlich von den heutigen Werten in Höhe
von etwa neun Tonnen pro Jahr unterscheiden. Denn Strom
stellt nur etwa ein Fünftel des Energieverbrauchs dar, und die
beiden anderen Energiesektoren Wärme und Mobilität sind
heute fossil dominiert.

Damit liegt unsere Messlatte bereit. An ihr können wir
die Wirkung der in Kapitel 2 beschriebenen energie- und

klimapolitischen Maßnahmen bewerten. Es sei hier noch einmal nachdrücklich betont, dass weder die Mitglieder der beiden Verhandlungsdelegationen noch Sie als Leser sich mit der Idee des Minimalstaats identifizieren müssen, um die Bewertung im nächsten Kapitel vorzunehmen.

4. Analyse: Acht Kostbarkeiten?

Um die Wirkung der in Kapitel 2 beschriebenen acht Staatsprojekte für Energie und Klima zu bewerten, müssen wir die folgende Frage beantworten: Ist die heutige Energieversorgung Deutschlands in den Merkmalen *Versorgungssicherheit, Bezahlbarkeit* und *Umweltverträglichkeit* besser oder schlechter als in dem hypothetischen Minimalstaat aus Kapitel 3?

Obwohl die Paare Atomeinstieg-Atomausstieg, Kohlepfennig-Kohleausstieg und Gasgeschäfte-Gasembargo teilweise schwer zu trennen sind, werden wir jede der acht Maßnahmen getrennt nach den drei Zielen analysieren. Jede der 8 x 3 = 24 Fragen wird dann entweder mit *besser, schlechter* oder *unentschieden* beantwortet.

Das Prädikat *unentschieden* werden wir vergeben, wenn die Wirkung entweder tatsächlich schwach ist oder wenn zwischen den Verhandlungsdelegationen stark divergierende Meinungen zu erwarten sind.

Bei einem echten Energiegipfel würde zunächst jede Delegation ihre eigene Einschätzung vortragen. Im Fall von Meinungsunterschieden würden die Moderatorinnen versuchen, eine einvernehmliche Synthese der Positionen vorzunehmen. Falls nicht zu erwarten ist, dass eine Mehrheit beider Parteien dieser Position zustimmen würde, wird das Ergebnis ebenfalls als *unentschieden* klassifiziert.

Vor der Analyse der Umweltverträglichkeit der acht Staatsprojekte wollen wir noch verabreden, auf welche räumliche Abmessung sich die Umweltbilanz erstreckt. Dabei unterscheiden wir zwischen CO_2-Emissionen und anderen Emissionen. Zu den letzteren gehören Rußpartikel und Stickoxide bei Kohlekraftwerken oder Umweltbelastungen durch die Förderung von Kohle und Gas. Den Einfluss politischer Maßnahmen Deutschlands auf CO_2-Emissionen werden wir ausschließlich aus der weltweiten »globalen« Perspektive beleuchten. Dies ist dadurch begründet, dass die Wirkungen des Klimawandels auf Deutschland von der Summe der Emissionen aller Länder bestimmt werden.

Bei der Analyse aller anderen Emissionen werden wir hingegen die deutsche Perspektive einnehmen. Aus diesem Blickwinkel ergibt sich beispielsweise für Deutschland ein positiver Umwelteffekt, wenn Kohle oder Gas nicht im Inland, sondern im Ausland gefördert und anschließend importiert werden.

Solch eine nationale Sicht mag auf den ersten Blick unethisch erscheinen, da sie Gesundheitsschäden im Ausland geringer wichtet als im Inland. Sie entspricht jedoch dem Geist des Grundgesetzes, demzufolge der Bundeskanzler in seinem Amtseid schwört: »Ich schwöre, daß ich meine Kraft dem Wohle des deutschen Volkes widmen, seinen Nutzen mehren, *Schaden von ihm wenden,* [Hervorh. d. Autors] das Grundgesetz und die Gesetze des Bundes wahren und verteidigen, meine Pflichten gewissenhaft erfüllen und Gerechtigkeit gegen jedermann üben werde. So wahr mir Gott helfe.« Diese Formulierung des Amtseids verpflichtet den Bundeskanzler und die Bundesregierung, im Zweifel die Interessen der Bundesrepublik über die des Auslandes zu stellen.

Für eilige Leser, die nicht an den teilweise subtilen Analysen interessiert sind, ist es ausreichend, gleich zur Gesamtschau in Abschnitt 4.9 zu springen und eventuell noch die

Antworten der künstlichen Intelligenz aus Abschnitt 4.10 zur Kenntnis zu nehmen.

4.1 Atomeinstieg

Frage 1-1: Versorgungssicherheit durch Atomeinstieg?

Die phänomenale Sicherheit der zivilen Luftfahrt ist der Triumph einer einzigartigen Sicherheitskultur, die durch Redundanz und strenge Zulassungsprozesse gewährleistet wird. Ein neues Passagierflugzeug wird nur dann zugelassen, wenn der Hersteller gegenüber den Behörden nachweisen kann, dass kein einziges *einzelnes* Störereignis zum Absturz der Maschine führen *kann*.

So wäre es zwar technisch problemlos machbar, eine Passagiermaschine von der Größe eines Airbus A320 oder einer Boeing 737 mit nur einem Triebwerk anzutreiben. Diese Lösung wäre möglicherweise sogar kostengünstiger als der Antrieb mit zwei Gasturbinen. Doch würde ein einmotoriger Jet in dieser Größenklasse nicht zugelassen, weil ein Triebwerksausfall fatale Folgen haben *kann*. Dabei spielt es keine Rolle, dass ein einmotoriges Flugzeug bei Motorschaden im optimistischen Fall nach einem Segelflug auf einem Kartoffelacker notlanden könnte.

Aus den gleichen Gründen werden Geschwindigkeitssensoren, Hydrauliksysteme und Steuerungscomputer mehrfach verbaut. Die Software für den Autopilot wird mehrfach und von unabhängigen Teams entwickelt und getestet. Diese Maßnahmen werden im Fachjargon als Redundanz bezeichnet.

Die Stromversorgung Deutschlands entscheidet über Leben und Gesundheit von Millionen Menschen. Vor diesem Hintergrund ist die Versorgungssicherheit des Energiesystems mindestens mit der Sicherheit eines Flugzeuges vergleichbar. Die Stromversorgung Deutschlands fußte im Jahr des Kernenergieeinstiegs auf den drei Energieträgern Kohle, Öl und Gas.

Im Rahmen des Gleichnisses zwischen Luftfahrt und Energieversorgung kann die deutsche Stromversorgung des Jahres 1955 als ein dreistrahliges Großraumflugzeug wie etwa die McDonnell Douglas DC-10 betrachtet werden. Die Erweiterung der Energieversorgung um die Kernenergie hat die Zahl der Energiequellen um eine erhöht – vergleichbar mit einem Umstieg auf die viermotorige Boeing 747. Insofern hat der Einstieg Deutschlands in die Kernenergie das Energiesystem widerstandsfähiger gegen Störungen im Welthandel mit Energierohstoffen gemacht. In der Fachsprache wird dies als Resilienz bezeichnet. Der Nutzen von Vielfalt im Energiesystem wird international von zahlreichen Fachleuten betont. Mein Kollege Toru Okazaki vom Institute of Applied Energy in Tokio, sagt in seinen Vorträgen oft: »Energiediversität ist so wichtig wie Biodiversität.«

Der Einstieg in die Kernenergie hat aus einem weiteren Grund zur Versorgungssicherheit beigetragen. Bei Kernkraftwerken machen die Brennstoffkosten einen wesentlich geringeren Anteil an den Stromgestehungskosten aus als bei fossilen Kraftwerken. So kostet ein Kilogramm Uranoxid als Brennstoff für Kernreaktoren[92] rund 1500 Euro und liefert 360 Megawattstunden elektrische Energie. Somit enthält eine Kilowattstunde Atomstrom 0,42 Cent an Brennstoffkosten, also weniger als einen halben Cent.

Ein Kilogramm Kohle kostet auf dem Weltmarkt rund 10 Cent. Es liefert bei Verbrennung 8 Kilowattstunden Wärme. Daraus können rund 30 Prozent Strom gewonnen werden; das sind 2,4 Kilowattstunden. Somit stecken in einer Kilowattstunde Kohlestrom 4,2 Cent Brennstoffkosten – zehn Mal so viel wie bei der Kernenergie.

Dieses Zahlenbeispiel zeigt, dass die Kernenergie nicht nur zur Widerstandsfähigkeit des Energiesystems beiträgt, sondern aufgrund ihres geringen Brennstoffkostenanteils auch die Importabhängigkeit verringert. Wegen der hohen Energiedichte des Kernbrennstoffs ist es überdies möglich, Brennstoffvorräte in Krisenzeiten über Jahre hinweg zu lagern.

Was könnten die beiden Verhandlungsdelegationen an weiteren Argumenten für oder gegen die These vom förderlichen Einfluss der Kernenergie auf die Versorgungssicherheit vorbringen?

Die ÖS-Fraktion könnte einwenden, ein Reaktorunfall könne – zusätzlich zum Ausfall des Kraftwerks selbst und zu den Schäden durch Radioaktivität – zu großflächiger und lang anhaltender Störung der Energieversorgung ganzer Regionen führen und somit die Versorgungssicherheit beeinträchtigen. Die Ökologisch-Sozialen würden hierfür als Beleg anführen, dass nach dem Reaktorunfall von Fukushima aus Sicherheitsgründen die gesamte japanische Kernkraftwerksflotte zeitweilig stillgelegt wurde. Dies führte nicht nur zu einer Einschränkung der Versorgungssicherheit. Wie eine Studie[93] zeigte, stiegen in Folge der Energieknappheit die Energiepreise und führten in der kalten Jahreszeit zu mehr Kältetoten.

Die Vertreter der FK-Fraktion würden hingegen darauf verweisen, dass Kernenergie zur Energieautarkie Deutschlands beitragen kann. Sie könnten sich dabei auf den Kernenergieexperten Professor Horst-Michael Prasser von der ETH Zürich berufen, der in seinem Vortrag[94] auf der von mir im Juli 2022 organisierten Energiewendetagung[95] sagte: »Sie können Deutschland für die nächsten siebzig Jahre mit Kernenergie versorgen im Maßstab der heute vorhandenen Kohleproduktion aus vollkommen eigener Rohstoffquelle.«

Die Wismut AG in Sachsen hat nach dem Zweiten Weltkrieg 260 000 Tonnen Uran an die Sowjetunion geliefert. Darüber hinaus verfügt die Wismut über gesicherte Ressourcen in Höhe von 74 000 Tonnen. Prasser fährt fort: »Wenn Sie [...] Mitarbeiter der Wismut GmbH fragen, dann sagen die: ›das würden wir sofort fördern und zwar mit höchsten Umweltstandards. Aber unser Minister hat gesagt, wir sollen sagen, das lohnt sich nicht.‹«

Unabhängig von anderen Gründen für die Ablehnung der Kernenergie dürften in der Gesamtschau selbst die Kernenergiekritiker aus der ökologisch-sozialen Verhandlungsgruppe einräumen, dass der Atomeinstieg die Versorgungssicherheit insgesamt positiv beeinflusst hat.

Die Antwort auf Teilfrage 1-1 lautet somit: *besser.* Die deutsche Stromversorgung steht durch die politische Maßnahme des Atomeinstiegs im Kriterium Versorgungssicherheit besser da als in einem energiepolitischen Minimalstaat.

Frage 1-2: Bezahlbarkeit durch Atomeinstieg?

Über die Wirkung des Atomeinstiegs auf die Bezahlbarkeit elektrischer Energie gehen die Meinungen unter Experten wie unter Laien weit auseinander. Dies würde sich auch im Meinungsbild der beiden Verhandlungsdelegationen beim Energiegipfel widerspiegeln.

Die Mitglieder der ÖS-Fraktion würden auf der Basis einer von Greenpeace-Energy finanzierten Studie des Forums Ökologisch-Soziale Marktwirtschaft aus dem Jahr 2015[96] argumentieren, der Preis von Atomstrom sei bei Berücksichtigung staatlicher Förderung und sogenannter nicht-internalisierter externer Kosten weit höher als sein tatsächlicher.

Diese These wird in der zitierten Studie anhand eines Diagrammes illustriert, in dem für den Zeitraum 2007 bis 2019 der durchschnittliche Börsenstrompreis, die staatliche Förderung sowie ein unterer und ein oberer Wert für die nicht-internalisierten externen Kosten als Funktionen der Zeit dargestellt sind. Während sich der Börsenstrompreis in der Größenordnung von 5 Cent pro Kilowattstunde bewegt, beläuft sich die Höhe der staatlichen Förderungen nach Auffassung der Studienautoren bei etwa 2 Cent pro Kilowattstunde und die nicht-internalisierten externen Kosten zwischen

25 Cent und 40 Cent pro Kilowattstunde. Bei den nicht-internalisierten externen Kosten handelt es sich nach Auffassung der Studienautoren um die Kosten für die Versicherung gegen Reaktorunfälle, die ein Betreiber in einem rein marktwirtschaftlichen System hätte aufbringen müssen.

Unabhängig davon, ob die freiheitlich-konservative Verhandlungsdelegation unseres Energiegipfels die letzteren Zahlen akzeptieren würde, bliebe als robuste Aussage seitens der ÖS-Fraktion, dass die staatliche Förderung des Einstiegs in die Kernenergie gesellschaftliche Kosten in Milliardenhöhe erzeugt hat.

Diese Kosten können als Aufschlag auf den Strompreis interpretiert werden, den es ohne Atomeinstieg nicht gegeben hätte. Alternativ hätte die ÖS-Fraktion auch argumentieren können, ohne den Atomeinstieg wäre der Strom insgesamt billiger und man hätte die eingesparten Milliarden in Bildung und Innovation investieren können.

Die freiheitlich-konservative Verhandlungsdelegation würde diesen Argumenten in zwei Punkten widersprechen und außerdem ein Argument vorbringen, welches für einen preisdämpfenden Einfluss des Atomeinstiegs spricht.

Erstens würden die Freiheitlich-Konservativen darauf verweisen, dass eine staatliche Förderung der Kernenergie jenseits der in Abschnitt 2.1 erörterten Subventionen in ähnlicher Höhe nach dem Jahr 2000 auch den erneuerbaren Energien zugutegekommen ist. Dann müsste die Förderung entweder bei beiden oder bei keiner der Energieformen zum Strompreis hinzugerechnet werden.

Zweitens würde die FK-Fraktion bei den vermeintlich nicht-internalisierten externen Kosten ins Feld führen, dass die deutschen Energieversorger Versicherungskosten bis zu 2,5 Milliarden Euro über die Deutsche Kernreaktor-Versicherungsgemeinschaft selbst tragen. Auch würden sie argumentieren, dass andere Großrisiken wie der Bruch von Staudämmen oder das Scheitern der deutschen Energiewende vom

Staat übernommen werden und nicht von privaten Versicherungsunternehmen getragen werden müssen.

Sie würden ferner betonen, die Lagerkosten des Abfalls seien bereits in den Strompreis einkalkuliert. Beim Thema Endlagerung würden sie den im September 2022 vorgelegten Standortvorschlag[97] der schweizerischen Nationalen Genossenschaft für die Lagerung radioaktiver Abfälle (Nagra) für ein Langzeitlager zitieren. Sie bezeichnen im Vergleich dazu die Dauer des deutschen Standortsuchverfahrens bis in die 2040er-Jahre und den Rahmenterminplan der Bundesgesellschaft für Endlagerung[98] als politisch gewollte Verzögerung.

Zu den Gesundheitswirkungen zitieren die Kernenergie-Befürworter die Statistik der wissenschaftlichen Informationsplattform Our-World-in-Data[99], derzufolge pro Terawattstunde erzeugter elektrischer Energie Kohlestrom statistisch 25 Todesopfer kostet, während es bei Wind, Sonne und Kernenergie weniger als 0,1 sind. Deutschland hat – wie bereits in Abschnitt 2.1 dokumentiert – in seiner Kernenergiegeschichte insgesamt 5600 Terawattstunden Atomstrom erzeugt. Damit hätte Deutschland gegenüber Kohlestrom – rein rechnerisch – 140 000 Todesopfer vermieden.

Ein Menschenleben besitzt versicherungsmathematisch einen Wert zwischen einer und zehn Millionen Euro. Gehen wir von einem Wert in Höhe von rund 2 Millionen Euro aus, so wie in einer Studie von Spengler[100] angenommen. Dann hätte die Kernenergie in Deutschland Gesundheitsschäden im Wert von 280 Milliarden Euro verhindert. Dies würde einem Spezialfall entsprechen, bei dem nicht-internalisierte externe Kosten ein negatives Vorzeichen hätten und – rein rechnerisch – jede der aus Kernenergie produzierten Kilowattstunde elektrischer Energie um fünf Cent verbilligt hätte. Im Ergebnis wäre nach Auffassung der FK-Fraktion der Preis des Atomstroms faktisch Null gewesen.

Unabhängig von diesen Argumenten gab es im jüngerer Zeit Stimmen[101], denen zufolge der Weiterbetrieb der Kernkraftwerke spätestens nach Beginn der Energiekrise 2022 die Strompreise deutlich gedämpft hätte.

Unter Berücksichtigung dieser widersprüchlichen Einschätzungen erscheint es angemessen, die Bewertung des Kriteriums Bezahlbarkeit in einer hypothetischen Verhandlung zwischen der ökologisch-sozialen und der freiheitlich-konservativen Fraktion als einen Punkt ohne Einigung zu betrachten.

Die Antwort auf Teilfrage 1-2 lautet somit: *unentschieden.* Die deutsche Stromversorgung steht durch die politische Maßnahme des Atomeinstiegs im Kriterium Bezahlbarkeit nach dem Stand des aktuellen Wissens vermutlich weder besser noch schlechter als in einem energiepolitischen Minimalstaat. Wichtigstes Argument war hierfür, dass eine Stromversorgung auf der Basis von Kohlekraftwerken nicht teurer gewesen wäre als mit Kernenergie. In diesem Fall muss allerdings eingeräumt werden, dass eine erschöpfende und umfassende wissenschaftliche Beantwortung dieser Frage noch nicht geschehen ist und Gegenstand künftiger Forschungsprojekte sein könnte.

Frage 1-3: Umweltverträglichkeit durch Atomeinstieg?

Bei diesem Kriterium stehen sich zwei positive und zwei negative Effekte gegenüber. Die positiven Wirkungen würden bei einem Energiegipfel aller Wahrscheinlichkeit nach von der freiheitlich-konservativen (FK) Verhandlungsdelegation vorgebracht werden, die überwiegend kernenergiefreundlich eingestellt ist. Hingegen würde die ökologisch-soziale (ÖS) Verhandlungsdelegation vermutlich die negativen Effekte in den Vordergrund stellen.

Die Freiheitlich-Konservativen würden als Erstes darauf verweisen, dass die deutschen Kernkraftwerke durch die Erzeugung von 5600 Terawattstunden klimaneutraler elektrischer Energie große Mengen an CO_2-Emissionen vermieden haben. Gleichwohl würden selbst unerschütterliche Kernenergie-Sympathisanten aus der FK-Fraktion in ihrem Redebeitrag zu diesem Tagesordnungspunkt einräumen, dass aus globaler Perspektive bestenfalls Emissionseinsparungen vor dem Inkrafttreten des europäischen Emissionshandelssystems EU-ETS im Jahr 2005 auf die weltweite CO_2-Bilanz angerechnet werden dürfen. Denn seit Einführung des EU-ETS wird die Menge der CO_2-Emissionen der EU de facto »von oben« verordnet. Somit besitzen nationale Emissionsminderungen zwar Einfluss auf die nationale Emissionsbilanz. Auf die CO_2-Bilanz der EU und der ganzen Welt haben sie jedoch keinen Einfluss.

Unvoreingenommen argumentierende Mitglieder der FK-Fraktion würden sogar noch weiter gehen. Sie würden selbst die Emissionsminderungen durch die Kernenergie vor dem Jahr 2005 mit Verweis auf das »Grüne Paradoxon[102]« des Ökonomen Hans-Werner Sinn als fragwürdig bezeichnen. Sinn argumentiert in seinen Vorträgen über Energiepolitik, der Ausbau von Solar- und Windenergie in Deutschland führe zu keiner Verminderung der globalen CO_2-Emissionen. Dies sei darauf zurückzuführen, dass die Einsparung fossiler Energieträger in Deutschland die Weltmarktpreise dämpft und dazu führt, dass die eingesparten fossilen Energieträger anderswo verfeuert würden.

Wenn das Argument von Sinn für Solar- und Windenergie gilt, muss es sinngemäß auch für die durch deutsche Kernkraftwerke eingesparten Emissionen gelten. Somit bleibt festzuhalten, dass das Argument, deutsche Kernkraftwerke hätten zur globalen Einsparung von CO_2-Emissionen beigetragen haben, ein schwaches Argument ist, weil eine willkürfreie Berechnung der Einsparung unmöglich ist. Außerdem dürfte es auf Grund der hohen Unsicherheit von Schätzungen zu den sogenannten social costs of carbon[103] schwierig sein, den möglichen Nutzen in einen Geldwert umzurechnen.

Als zweites Argument würde die FK-Verhandlungsdelegation anführen, die deutschen Kernkraftwerke hätten den

Anteil der Kohleverstromung in Deutschland verringert – zumindest bis zum starken Anstieg des Anteils an erneuerbarer Energien.

Diese Verringerung hätte zum einen Umweltschäden durch den anteiligen Wegfall des Kohlebergbaus und zum anderen gesundheitsschädliche Partikelemissionen aus Kohlekraftwerken vermieden. Dieses Argument würde vermutlich von beiden Verhandlungsdelegationen als stichhaltig betrachtet werden, zumal der versicherungsmathematische Nutzen des Wegfalls von Todesopfern durch Kohlekraft bereits bei der Analyse von Frage 1-2 beleuchtet wurde.

Die ÖS-Fraktion würde diesen beiden positiven Argumenten zwei negative gegenüberstellen. Ihre Vertreter würden erstens argumentieren, Kernkraftwerke hätten durch radioaktive Umweltbelastungen zu regionalen gesundheitlichen Schäden geführt.

Zweitens würden sie auf die nach ihrer Meinung ungelöste »Endlagerproblematik« radioaktiver Abfälle verweisen. Während das erste Argument wegen der Kritik am »linear nothreshold model« (LNT[104]) für die Berechnung von Gesundheitsschäden durch radioaktive Strahlung bei der FK-Fraktion kaum auf Zustimmung stoßen dürfte, würden die »Ewigkeitskosten« der Lagerung radioaktiver Abfälle – unabhängig von Kontroversen über ihre tatsächliche Höhe – vermutlich von beiden Verhandlungsdelegationen akzeptiert werden.

Unter Berücksichtigung dieser stark divergierenden Einschätzungen erscheint es mir wie schon bei Teilfrage 1-2 angemessen, die Bewertung des Kriteriums Umweltverträglichkeit als Punkt ohne Einigung einzuordnen.

Die Antwort auf Teilfrage 1-3 lautet somit: *unentschieden*. Die deutsche Stromversorgung steht durch die politische Maßnahme des Atomeinstiegs im Kriterium Umweltverträglichkeit vermutlich weder besser noch schlechter als in einem energiepolitischen Minimalstaat.

Fazit zum Atomeinstieg

In Tabelle 7 fassen wir das Ergebnis der Analyse des Energiegipfels zu den Wirkungen des Atomeinstiegs auf Versorgungssicherheit, Bezahlbarkeit und Umweltverträglichkeit zusammen. Im Ergebnis des Atomeinstiegs hat Deutschland seine energetische Versorgungssicherheit mit hoher Wahrscheinlichkeit gestärkt. Im Gegensatz dazu wäre es bei den Kriterien Bezahlbarkeit und Umweltverträglichkeit zwischen den beiden Verhandlungsdelegationen vermutlich zu keiner Einigung gekommen. Somit müssen diese beiden Punkte als unentschieden betrachtet werden.

7 Bewertung des Atomeinstiegs

Maßnahme	Versorgungs-sicherheit	Bezahlbarkeit	Umwelt-verträglichkeit
1. Atomeinstieg	besser	unentschieden	unentschieden

Es sei an dieser Stelle eingeräumt, dass die im vorliegenden Kapitel abgedruckten acht Tabellen keinen Anspruch auf ultimative Gültigkeit erheben. Es kann nämlich bei den mit »unentschieden« markierten Feldern sein, dass diese durch künftige Forschungsergebnisse in Richtung »besser« oder »schlechter« kippen.

Würde man den Atomeinstieg und die weiteren sieben Staatsprojekte jeweils mit einer Gesamtnote bewerten wollen, so müsste man eine Annahme über die Gewichtung der drei Kriterien treffen. Für den Fall einer Gleichgewichtung könnte man die Attribute »besser«, »unentschieden« und »schlechter« jeweils mit der Punktzahl +1, 0 und −1 versehen und die drei Zahlen summieren. Ein durchweg erfolgreiches Projekt erhielte dann die höchstmögliche Note +3. Ein durchschnittliches Projekt würde mit 0 und ein durchweg erfolgloses mit der niedrigsten Note −3 bewertet. Im Fall des Atomeinstiegs kämen wir gemäß Tabelle 7 auf die leicht überdurchschnittliche Gesamtnote +1.

Nebenwirkungen

Unsere Analyse beschäftigt sich ausschließlich mit der Wirkung der Staatsprojekte auf das energiepolitische Zieldreieck, bestehend aus Versorgungssicherheit, Bezahlbarkeit und Umweltverträglichkeit.

Diese Einschränkung wurde gemacht, weil Diskussionen über Erfolg oder Misserfolg der Energiewende in erster Linie dieses Zieldreieck beleuchten. Bei einem realen Energiegipfel würden die Verhandlungsdelegationen vermutlich versuchen, weitere Kriterien in die Debatte einzubringen, um das Ergebnis in ihrem Sinne zu beeinflussen. Eins dieser Kriterien soll hier kurz angesprochen werden, ohne es jedoch in die Bewertung einfließen zu lassen.

Ein von Kernenergiekritikern oft geäußertes Argument lautet, der Bau von Kernkraftwerken wäre in Wirklichkeit eine Begleiterscheinung der militärischen Nutzung der Kernenergie und würde sich ohne diese Erstanwendung nicht rechnen. Diese Aussage kann jedoch auch anders formuliert werden: Entscheidet sich ein Land bewusst für die Entwicklung, die Herstellung und den Besitz eigener Kernwaffen, so kann der gleichzeitige Einstieg in die zivile Nutzung der Kernenergie organisatorische und finanzielle Synergieeffekte schaffen.

Wem aus dem Teilnehmerkreis unseres Energiegipfels würde man zutrauen, das Argument der atomaren Bewaffnung als Erstes anzusprechen? Während die meisten an einen Vertreter aus dem Lager der Freiheitlich-Konservativen denken würden, sprach sich im Februar 2024 eine deutsche Politikerin[105] aus dem ÖS-Lager für EU-eigene Kernwaffen aus. Nach Insiderberichten soll dieses Argument schon beim Atomeinstieg unter Bundeskanzler Konrad Adenauer eine Rolle gespielt haben, ohne dass dies je offiziell verkündet wurde.

Unabhängig von der Frage, wie man persönlich die Notwendigkeit der nuklearen Bewaffnung der Bundeswehr beurteilt, bleibt festzuhalten, dass der Atomeinstieg für jedes Land als verteidigungspolitischen Nebeneffekt die Möglichkeit eines Einstiegs in die militärische Nutzung der Kernenergie besitzt.

4.2 Atomausstieg

Frage 2-1: Versorgungssicherheit durch Atomausstieg?

Über den Einfluss des Atomausstiegs auf die Versorgungssicherheit besteht zwischen den beiden Verhandlungsdelegationen naturgemäß keine Einigkeit.

Die Vertreter der ÖS-Fraktion würden mindestens drei Gründe nennen, warum der Atomausstieg vom 16. April 2023 nach ihrer Meinung auf die Versorgungssicherheit keinen negativen Einfluss gehabt hätte. Sie würden erstens eine Schlagzeile wie beispielsweise »Ein Jahr ohne Blackout: Habeck verteidigt Atomausstieg[106]« zitieren und darauf verweisen, dass sich seit der Abschaltung der letzten Kernkraftwerke keine großflächigen Stromausfälle ereignet haben. Sie würden zweitens mit Blick in die Zukunft behaupten, die Sicherheit des Stromsystems würde sich mit wachsendem Anteil erneuerbarer Energie erhöhen. Sie würden schließlich drittens sagen, durch den Ausbau von Speichern stabilisiere sich das Stromsystem in Zukunft noch weiter, sodass es auch ohne Kernkraftwerke reibungslos funktioniere.

Die Vertreter der FK-Fraktion würden dem entgegnen, der Atomausstieg habe dazu geführt, dass Deutschland im Jahr 2023 vom Exporteur zum Importeur elektrischer Energie wurde. Somit ist Deutschland nach Auffassung der Freiheitlich-Konservativen für eine sichere Stromversorgung nicht zur zeitweise, sondern auch im zeitlichen Mittel auf Nachbarländer angewiesen.

Sie sehen sich in ihrer Auffassung durch die zeitweilig explodierenden deutschen Strompreise bestätigt, die am 26. Juli 2024 durch einen IT-Fehler[107] in der Strombörse EPEX Spot verursacht worden war. Der IT-Fehler hatte dazu geführt, dass mehrere Länder, unter anderem Deutschland, zeitweilig keinen Strom importieren konnten und auf ihre eigenen Erzeugungskapazitäten angewiesen waren. Im Ergebnis stiegen die Stromkosten in Deutschland rapide an. Dies würden die Freiheitlich-Konservativen als einen Beweis dafür interpretieren, dass Deutschland aus eigener Kraft keine Versorgungssicherheit herstellen kann und – in ihrer Sprache – parasitär auf Kosten anderer lebt.

Als weiteres Indiz für verringerte Versorgungssicherheit durch den Atomausstieg würde die FK-Delegation den Aufwand zur Aufrechterhaltung einer zuverlässigen Stromversorgung ins Feld führen, der durch die sogenannten Redispatch-Kosten charakterisiert wird.

Der Aufwand für die Stabilisierung des Stromnetzes ist von 110 Millionen Euro im Jahr 2013 auf 2,69 Milliarden Euro im Jahr 2022 angestiegen[108]. Innerhalb des 20-jährigen Zeitraums von 2000 bis 2020 haben sie sich von 12 Millionen auf über 15 Milliarden Euro vertausendfacht. Diese Entwicklung hat sich mit dem Kernkraftausstieg eher verschärft. An diesen Beobachtungen würde die FK-Delegation ablesen, dass sich die Versorgungssicherheit durch den Atomausstieg verschlechtert habe.

Unterstellen wir, dass ein Teil der ÖS-Delegationsmitglieder für die zahlenbasierten Argumente der FK-Fraktion empfänglich wäre, so ist es als sehr wahrscheinlich zu betrachten, dass eine Mehrzahl der Teilnehmer sich auf die letztere Sichtweise einigen würde.

Die Antwort auf Teilfrage 2-1 lautet somit: *schlechter*. Die deutsche Stromversorgung steht durch die politische Maßnahme des Atomausstiegs im Kriterium Versorgungssicherheit schlechter da als in einem energiepolitischen Minimalstaat.

Frage 2-2: Bezahlbarkeit durch Atomausstieg?

Über den Einfluss des Atomausstiegs auf die Energiepreise dürfte zwischen den Verhandlungsdelegationen zu Beginn der Gespräche ebenso Uneinigkeit bestehen wie zur Versorgungssicherheit.

Die Vertreter der ÖS-Fraktion würden argumentieren, der Wegfall von Kernkraftwerkskapazität ließe sich durch den verstärkten Ausbau erneuerbarer Energie kompensieren. Die Stromgestehungskosten von Wind- und Sonnenenergie seien geringer als bei Kern- und Kohlekraftwerken. Sie würden ferner auf gesunkene Großhandelspreise an den Strombörsen verweisen.

Die Vertreter der FK-Fraktion würden für ihre Argumentation wahrscheinlich das Merit-Order-Diagramm heranziehen. Dies ist ein Arbeitswerkzeug von Energiehändlern und Energieökonomen. Es zeigt auf der x-Achse in der Maßeinheit Megawattstunden die Lieferangebote aller zu einem bestimmten Zeitpunkt angebotenen Technologien zur Stromerzeugung. Dabei werden die Angebote von links nach rechts in der Reihenfolge steigender Grenzkosten[109] aufgetragen. Auf der y-Achse ist die Höhe der Grenzkosten der jeweiligen Technologie dargestellt. Nach den Regeln des Stromhandels erhalten sämtliche Lieferanten bei Vertragsabschluss den Megawattstundenpreis des Anbieters, der die letzte Megawattstunde ganz rechts im Merit-Order-Diagramm bereitstellt und somit der teuerste ist. Im Merit-Order-Diagramm stehen Solar- und Windenergie ganz links, weil sie mit verschwindenden oder geringen Grenzkosten angeboten werden. Als nächstes folgt die Kernenergie mit den zweitniedrigsten Grenzkosten. Anhand des Merit-Order-Diagramms würden die Vertreter der FK-Gruppe argumentieren, dass der Wegfall von Lieferkapazität aus Kernkraftwerken, die den zweitniedrigsten Wert der Grenzkosten nach den erneuerbaren Energien besitzen, zu einer Verteuerung der Energie führt.

Eine Übereinkunft der beiden Verhandlungsdelegationen auf der Basis des Merit-Order-Diagramms ist jedoch leider nicht möglich. Dieses Diagramm weist zwar tatsächlich eine Verteuerung elektrischer Energie durch den Wegfall der Kernenergie im Sinne der FK-Fraktion aus. Das Diagramm stützt jedoch ebenso das Argument der ÖS-Fraktion, wonach der Ausbau erneuerbarer Energien die Strompreise verringert. Wie könnte eine Antwort aussehen, die von beiden Parteien inhaltlich akzeptiert werden würde?

Eine robuste Antwort müsste nach mutmaßlicher Einschätzung der energiekundigen Moderatorin Hossenfelder bei der Tatsache ansetzen, dass die schwankenden Stromquellen Sonne und Wind kein ebenbürtiger Ersatz für die grundlastfähige Stromquelle Kernenergie sind. Ökonomen sprechen bei Produkten mit annähernd gleichen Gebrauchseigenschaften von Substituten. Während der Doppel-Whopper von Burger King ein Substitut für den Big Mac bei McDonald‹s ist und Pepsi Cola ein Substitut für Coca Cola, sind Solar- und Windstrom keine Substitute für die Kernenergie. Um Solar- und Windstrom in grundlastfähige Energiequellen zu verwandeln, müssen sie mit Speichern gekoppelt werden. Diese Speichertechnologien müssen für eine Industrienation wie Deutschland in der Lage sein, elektrische Energie in der Größenordnung von Terawattstunden zu Investitionskosten von deutlich unter 100 Euro pro Kilowattstunde und Standzeiten von mindestens 20 Jahren zu speichern. Dazu ist heute keine skalierbare[110] Speichertechnologie in der Lage.

Im optimistischen Fall könnten dazu in Zukunft preiswerte konventionelle Batterien, Carnot-Batterien[111] oder Wasserstoffsysteme eingesetzt werden – eine starke Preisdegression vorausgesetzt. Die Kombination aus erneuerbaren Energiequellen und Speichern kann schon heute grundlastfähigen Strom liefern, allerdings zu deutlich höheren Kosten als Kohle- und Kernkraftwerke. Während das Abschalten bereits abgeschriebener Kernkraftwerke kostentreibend wirkt, würde der Ausbau erneuerbarer Energien zur Kompensation des Atomausstiegs nur in Verbindung mit Speichern grundlastfähigen Strom liefern, der allerdings wesentlich teurer wäre als reiner Strom aus Sonne und Wind. Somit lässt sich mit hoher Sicherheit sagen, dass der Verzicht auf den Weiterbetrieb abgeschriebener deutscher Kernkraftwerke preissteigernd gewirkt hat.

Es liegt im Bereich der Spekulation, ob sich beide Verhandlungsdelegationen mit einer solchen Sichtweise identifizieren könnten. Möglicherweise könnten sie sich zu dieser Sichtweise durchringen, wenn sie die Beobachtung hinzufügen, dass unsere beiden Nachbarländer Frankreich und Polen jeweils aus unterschiedlichen Gründen wesentlich niedrigere Strompreise für Privatkunden und Industrie haben als Deutschland. Im Fall Frankreichs ist der hohe Anteil an Kernenergie, im Fall Polens der hohe Anteil an Kohlekraftwerken dafür verantwortlich.

Die Antwort auf Teilfrage 2-2 lautet somit: *schlechter*. Die deutsche Stromversorgung steht durch die politische Maßnahme des Atomausstiegs im Kriterium Bezahlbarkeit schlechter da als in einem energiepolitischen Minimalstaat.

Frage 2-3: Umweltverträglichkeit durch Atomausstieg?

Über den Einfluss des Atomausstiegs auf die Umweltverträglichkeit dürften sich zwischen den Verhandlungsdelegationen gegensätzliche Meinungen auftun – ebenso wie bereits bei der Versorgungssicherheit und der Bezahlbarkeit. Konkret stehen einerseits die Umweltbelastung durch radioaktiven Abfall und andererseits die Reduktion der CO_2- sowie der Partikelemissionen gegenüber.

Die ÖS-Fraktion würde in ihrem Plädoyer den Atomausstieg als Beitrag zur Umweltverträglichkeit loben. Zwar ist durch den Atomausstieg das Problem der Langzeitlagerung bereits vorhandener radioaktiver Abfälle nicht aus der Welt. Die Ökologisch-Sozialen würden jedoch argumentieren, durch den Ausstieg sei zumindest der Zuwachs an Abfällen gestoppt worden.

Als Kronzeugen für die Risiken radioaktiver Abfälle könnten sich die Mitglieder der ÖS-Delegation auf den Nobelpreisträger Bob Laughlin von der Stanford-University berufen, der in seinem Buch[112] »Powering the Future« sarkastisch schreibt: »The terrible danger of nuclear waste won't have gone away, but it's difficult to imagine anyone voting to save the earth from nuclear waste when doing so would greatly raise their electricity bills[113].«

Aus Moderatorinnensicht handelt es sich aus zwei Gründen um schwache Argumente. Erstens ist durch den Atomausstieg die Lagerproblematik des bereits vorhandenen radioaktiven Abfalls nicht beseitigt. Zweitens lässt sich radioaktiver Abfall durch Wiederaufbereitung und durch innovative Reaktorkonzepte in Wertstoff verwandeln.

Die FK-Fraktion würde, wie bereits bei der Analyse der Frage 1-3 nach der Umweltbilanz des Atomeinstiegs, den Anstieg der deutschen CO_2-Emissionen sowie die Emissionen von Kohlekraftwerken ins Feld führen, die den Wegfall der Kernkraft in Deutschland kompensieren müssten. Auch ich habe in den Jahren 2022 und 2023 in der Presse[114] mit Blick auf die nationalen Klimaschutzverpflichtungen Deutschlands damit argumentiert, dass der Atomausstieg die deutschen CO_2-Emissionen steigen lässt. Aus Moderatorinnensicht erweisen sich jedoch auch diese beiden Argumente als relativ schwach. Denn wir hatten zu Beginn des Kapitels verabredet, bei den CO_2-Emissionen die globale Bilanz zu betrachten, nicht die nationale.

In der öffentlichen Diskussion wird die Betrachtung der Umweltbilanz des Atomausstiegs oft auf die nationale Perspektive verengt. Das mag wie bereits ausgeführt aus verfassungsrechtlicher Perspektive mit Blick auf den Amtseid durchaus berechtigt sein. Da es sich bei den CO_2-Emissionen um ein globales Problem handelt, nehmen wir bei deren Bewertung die globale Perspektive ein, so wie zu Beginn dieses Kapitels verabredet. Aus dieser Sicht muss eingeräumt werden, dass der deutsche Atomausstieg weder nennenswerten Einfluss auf die CO_2-Emissionen der Europäischen Union noch auf den CO_2-Ausstoß der Welt hat.

Warum ist das so? Bei Beantwortung von Frage 1-3 nach den Umwelteinflüssen des Atomeinstiegs wurde bereits darauf verwiesen, dass der Atomeinstieg die CO_2-Emissionen der Welt nur bis zur Einführung des europäischen CO_2-Zertifikatehandelssystems EU-ETC dämpft. Seit 2005 legt das ETC die Menge des jährlich ausgestoßenen CO_2 fest, zumindest für die daran beteiligten Sektoren wie die Kraftwerke. Fällt in Deutschland CO_2-freie Kernkraftkapazität weg, verteuern sich Zertifikate und Kohleverstromung wird teurer. Die Menge der CO_2-Emissionen der EU ändert sich hingegen nicht. Gleiches gilt für die weltweite Perspektive.

Auch das FK-Argument eines erhöhten Kohleverbrauchs erweist sich im Rahmen unserer Annahmen als schwach. Zum einen hat der Atomausstieg bislang anscheinend nicht zu einem erhöhten Kohleverbrauch in Deutschland geführt. Hierfür könnte die wirtschaftliche Schwäche Deutschlands im Zuge der Energiekrise verantwortlich sein. Zum anderen hat der Atomausstieg zu höheren Stromimporten geführt, unter anderem aus dem kohleintensiven Polen.

Da wir jedoch zu Beginn des Kapitels 4 vereinbart hatten, dass Partikelemissionen nur aus nationaler Perspektive betrachtet werden, würden Zusatzemissionen von Kohlekraftwerken in Polen die deutsche Umweltbilanz nicht belasten.

Wem es unethisch erscheint, dass eine Verlagerung von Partikeln aus Kohlekraftwerken aus Deutschland nach Polen die deutsche Umweltbilanz verbessert, kann die gesamte Analyse unter geänderten Randbedingungen durchführen und die Partikelemissionen global bilanzieren.

Er wird dabei feststellen, dass sich die Annahme »lokal versus global« zwar auf die Umweltbilanz der auftretenden Einzelprojekte 1–6 auswirkt, sich jedoch bei der summarischen Betrachtung der Paare Atomeinstieg-Atomausstieg, Kohlepfennig-Kohleausstieg, Gasgeschäfte-Gasembargo herauskürzt. So würde sich beispielsweise die Verringerung der Emissionen von Kohlekraftwerken durch den Atomeinstieg und die Vergrößerung von Emissionen von Kohlekraftwerken durch den Atomausstieg in erster Näherung über den gesamten Betrachtungszeitraum ausgleichen.

Zusammenfassend lässt sich sagen, dass die gegensätzliche Argumentation der beiden Verhandlungsparteien aus Moderatorensicht auf relativ schwachen Argumenten beruhen und wir diese Frage in die Kategorie ohne Einigung einordnen sollten.

Die Antwort auf Teilfrage 2-3 lautet somit: *unentschieden*. Die deutsche Stromversorgung steht durch die politische Maßnahme des Atomausstiegs im Kriterium Umweltverträglichkeit vermutlich weder besser noch schlechter als in einem energiepolitischen Minimalstaat.

8 Bewertung des Atomausstiegs

Maßnahme	Versorgungs-sicherheit	Bezahlbarkeit	Umwelt-verträglichkeit
1. Atomeinstieg	besser	unentschieden	unentschieden
2. Atomausstieg	schlechter	schlechter	unentschieden

Zum Vergleich ist zusätzlich die Bewertung des Atomeinstiegs aus Abschnitt 4.1 angegeben.

Fazit zum Atomausstieg

In Tabelle 8 fassen wir das Ergebnis der Analyse des Energiegipfels zu den Wirkungen des Atomeinstiegs auf Versorgungssicherheit, Bezahlbarkeit und Umweltverträglichkeit zusammen. Im Ergebnis des Atomausstiegs haben sich Versorgungssicherheit und Bezahlbarkeit verschlechtert, während der Einfluss auf die Umweltbilanz unentschieden ist.

Die wesentlichen Argumente waren: für die verschlechterte Versorgungssicherheit die verringerte Diversität und Resilienz des Energiesystems, für die verschlechterte Bezahlbarkeit die Stromkosten für Haushalte und Industrie und für die Umweltverträglichkeit der Wertstoffcharakter radioaktiver Abfälle sowie der vernachlässigbare Einfluss auf die CO_2-Bilanz der EU aufgrund des Zertifikatehandels. Als Gesamtnote ergibt sich für den Atomausstieg somit eine – 2.

4.3 Kohlepfennig

Wie in Kapitel 2 beschrieben, spiegeln Kohlepfennig und Kohlesubventionen während ihrer Existenz in den Jahren 1974–2018 einen parteiübergreifenden Konsens über die Notwendigkeit deutscher Kohleförderung wider. Bezugnehmend auf das Zweiparteiensystem unseres Energiegipfels könnte man sagen, die Förderung des einheimischen Kohlebergbaus sei – zumindest in der Vergangenheit – sowohl von der ökologisch-sozialen als auch von der freiheitlich-konservativen Seite befürwortet worden.

Aus diesem Grunde ist es bei der Analyse der Wirkungen des Kohlepfennigs kaum möglich, einen ähnlichen Disput zwischen der ÖS- und der FK-Fraktion zu konstruieren, wie wir es beim Atomeinstieg und beim Atomausstieg getan haben. Wir werden deshalb in Abschnitt 4.3 die Analyse des Kohlepfennigs aus Moderatorinnenperspektive führen, ohne Zustimmung und Kritik am Kohlepfennig einer der beiden Verhandlungsparteien zuzuschreiben.

Frage 3-1: Versorgungssicherheit durch Kohlepfennig?

Befürworter des Kohlepfennigs würden argumentieren, die Förderung einheimischer Kohle hätte Deutschland unabhängiger von Importen gemacht. Damit wäre ein positiver

Einfluss auf die Versorgungssicherheit verbunden. Die Befürworter würden ferner auf aktuelle Diskussionen ähnlicher Probleme verweisen, wie etwa einer Forderung nach Fracking von Erdgas in Deutschland zwecks Unabhängigkeit von Gasimporten.

Kritiker des Kohlepfennigs würden dem entgegenhalten, dass nationale Autarkiebestrebungen an ihre Grenzen kommen, wenn ihre Kosten unverhältnismäßig hoch sind.

Sie könnten dies an einem Beispiel veranschaulichen, welches nichts mit Energiepolitik zu tun hat: Gert Kema von der Universität Wageningen gelang im Dezember 2018 eine kleine Sensation. Dem Professor war die Züchtung der ersten niederländischen Bananen[115] geglückt. Der Presse verriet er: »Wir sind auf dem Weg zu einer nachhaltigen Bananenproduktion mit neuen krankheitsresistenten Bananenrassen, die auf gesunden Böden in einem verantwortungsvollen Sozialklima angebaut werden.«

Hat diese Innovation die Bananenversorgungssicherheit der Niederlande und womöglich der gesamten Europäischen Union verbessert? Lassen wir die Kosten holländischer Treibhausbananen für einen Moment einmal außen vor. Da der weltumspannende Bananenhandel seit Jahrzehnten eine zuverlässige und krisenfeste Versorgung der Menschheit mit diesem wichtigen Grundnahrungsmittel sicherstellt, würde die Verfügbarkeit holländischer Bananen keine merkliche Erhöhung der Versorgungssicherheit bewirken.

Nehmen wir jetzt noch den Umstand hinzu, dass die Produktion einer holländischen Professor-Kema-Banane vermutlich ein Vielfaches einer Banane aus Costa Rica, Kolumbien oder Ecuador kosten würde, lässt sich unschwer erkennen, dass holländischer Bananenanbau keinen Beitrag zur Versorgungssicherheit leisten würde. Die Banane ist für Deutschland zweifellos weniger lebenswichtig als die Stromversorgung, illustriert das Problem jedoch meines Erachtens gut.

Denn was aus volkswirtschaftlicher Adlerperspektive für die Professor-Kema-Banane gilt, trifft sinngemäß auch auf die deutsche Kohle zu. Dieser Rohstoff wird über ein gut funktionierendes Handelssystem weltweit zuverlässig bereitgestellt. Die Transportkapazitäten sind stark diversifiziert. Der Ausfall eines Lieferanten lässt sich gut ausgleichen.

Zwar konnte der deutsche Kohleabbau die Abhängigkeit vom Import dank des Kohlepfennigs etwas verringern. Es ist jedoch davon auszugehen, dass dies keine nennenswerten Einflüsse auf die Versorgungssicherheit gehabt hat. Hinzu kommt, dass die deutsche Kohle seit den späten 1970er-Jahren um ein Vielfaches teurer war als Importkohle und somit – anders als Kernenergie im Vergleich zu Kohlestrom – im ökonomischen Sinn kein Substitut für Kohle auf dem Weltmarkt war.

Die Antwort auf Teilfrage 3-1 lautet somit: *unentschieden*. Die deutsche Stromversorgung steht durch die politische Maßnahme des Kohlepfennigs im Kriterium Versorgungssicherheit weder besser noch schlechter als in einem energiepolitischen Minimalstaat.

Frage 3-2: Bezahlbarkeit durch Kohlepfennig?

Diese Frage lässt sich für beide Phasen der Kohlesubventionen leicht beantworten. Von 1974 bis 1995 wurde der Kohlepfennig als Aufschlag auf den Strompreis kassiert. In dieser Zeit war die Verteuerung des Stroms für die Verbraucher direkt an ihrer Stromrechnung ablesbar. Somit hat sich der Kohlepfennig unmittelbar negativ auf die Bezahlbarkeit elektrischer Energie ausgewirkt.

Nach dem Urteil des Bundesverfassungsgerichts vom 11. Oktober 1994 über die Verfassungswidrigkeit des Kohlepfennigs wurden die Kohlesubventionen von 1996 bis 2018 aus dem Staatshaushalt bezahlt.

Mit der Bezahlung der Subvention aus der Tasche aller Steuerzahler hat sich nichts Grundsätzliches am negativen

Einfluss auf die Bezahlbarkeit geändert. Lediglich die Verteilung der finanziellen Belastung auf die unterschiedlichen Einkommensschichten hat sich verschoben – und zwar zu Lasten der Besserverdiener. Da die zehn Prozent der Bürger mit den höchsten Einkommen über 50 Prozent der Einkommenssteuer[116] zahlen und die Einkommenssteuer die wichtigste Steuer des Staates ist, war die Umetikettierung des Kohlepfennigs eine Maßnahme zu Lasten Wohlhabender.

Der ehemalige Präsident des Münchner ifo-Instituts Professor Hans-Werner Sinn hat die ökonomische Ineffizienz der Kohlesubventionen in seinem ifo-Standpunkt Nr. 30[117] vom 23. November 2001 auf den Punkt gebracht.

Dort heißt es unter anderem: »Die Subventionen lassen sich indes nicht rechtfertigen, denn sie erhalten einen Sektor, der offenbar so geringe Leistungen für die Volkswirtschaft erzeugt, dass die Nutznießer nicht bereit sind, den dort beschäftigten Arbeitern und Angestellten genug zu zahlen, um sie für ihr Arbeitsleid und den Verlust an Freizeit zu kompensieren.

Die Allgemeinheit muss über die Steuern mitzahlen, damit sich der Kohleabbau lohnt.

Eine solche Intervention in den Marktprozess lässt sich nicht rechtfertigen, denn sie hebt das marktwirtschaftliche Prinzip aus den Angeln, dass aus der Vielzahl der technisch möglichen Produktionsprozesse nur solche realisiert werden, die den Kompensationstest unverfälscht überstehen:

Produziert wird nur dann, wenn das Geld, das die Nutznießer für eine Ware zu zahlen bereit sind, ausreicht, all diejenigen zu kompensieren, die bei der Produktion Nachteile erleiden, sei es in Form eines Verlustes an Zeit und Gesundheit oder sei es in Form eines Verlustes durch entgangene Erträge bei anderen Verwendungen des eingesetzten Kapitals.«

Die Antwort auf Teilfrage 3-2 lautet somit: *schlechter*. Die deutsche Stromversorgung steht durch das Staatsprojekt Kohlepfennig im Kriterium Bezahlbarkeit schlechter als in einem energiepolitischen Minimalstaat.

Frage 3-3: Umweltverträglichkeit durch Kohlepfennig?

Mit dem Kohlepfennig und den Kohlesubventionen wurde heimischer Kohleabbau gegenüber dem Kohleabbau im Rest der Welt gefördert.

Dadurch wurden in gewissem Maße internationale Bergbauaktivitäten durch solche in Deutschland ersetzt.

Für die Bewertung der Umweltverträglichkeit politischer Maßnahmen hatten wir zu Beginn des Kapitels vereinbart, CO_2-Emissionen aus globaler Perspektive zu bilanzieren, andere Umwelteinflüsse – wie etwa Rußpartikel und Stickoxide aus Kohlekraftwerken oder Landschaftsverbrauch und Grundwasserabsenkung durch den Bergbau – aus nationaler Perspektive.

Vor diesem Hintergrund hat die Förderung des deutschen Kohleabbaus Umweltschäden in Deutschland hervorgerufen, die anderenfalls im Ausland aufgetreten wären. Aus diesem Grund dürfte es unter den Teilnehmern des Energiegipfels keine Zweifel darüber geben, dass die Umweltbilanz des Kohlepfennigs negativ ist.

Die Antwort auf Teilfrage 3-3 lautet somit: *schlechter*. Die deutsche Energieversorgung steht durch die politische Maßnahme des Kohlepfennigs im Kriterium Umweltverträglichkeit schlechter als in einem energiepolitischen Minimalstaat.

9 Bewertung des Kohlepfennigs

Maßnahme	Versorgungs-sicherheit	Bezahlbarkeit	Umweltverträg-lichkeit
1. Atomeinstieg	besser	unentschieden	unentschieden
2. Atomausstieg	schlechter	schlechter	unentschieden
3. Kohlepfennig	unentschieden	schlechter	schlechter

Zum Vergleich sind zusätzlich die Bewertungen aus den vergangenen zwei Abschnitten angegeben.

Fazit zum Kohlepfennig

In Tabelle 9 fassen wir das Ergebnis unserer Analyse zu den Wirkungen des Kohlepfennigs auf Versorgungssicherheit, Bezahlbarkeit und Umweltverträglichkeit zusammen. Im Ergebnis des Kohlepfennigs hat sich die Versorgungssicherheit nicht signifikant geändert, während sich Bezahlbarkeit und Umweltverträglichkeit verschlechtert haben.

Die wesentlichen Argumente waren: für die unveränderte Versorgungssicherheit die gute weltweite Verfügbarkeit von Kohle und der hohe Preis einheimischer Förderung – Stichwort holländische Bananen. Für die verschlechterte Bezahlbarkeit sind die zusätzliche Belastung von Stromkunden und Steuerzahlern und für die schlechtere Umweltbilanz die Bergbauschäden entscheidend. Als Gesamtnote ergibt sich für den Kohlepfennig somit eine – 2.

Nebenwirkungen

Durch die jahrzehntelangen Diskussionen über Kohlepfennig und Kohlesubvention zieht sich der Wunsch nach Erhalt von Arbeitsplätzen. Unabhängig von der Frage, ob Subventionen das geeignete Instrument zur Arbeitsplatzsicherung sind, sei hier angemerkt, dass dieses Kriterium nicht Gegenstand der vorliegenden Analyse ist. Für die Bewertung im Rahmen des Energiegipfels ist ausschließlich die Frage von Bedeutung, wie sich eine Maßnahme auf das energiepolitische Zieldreieck, bestehend aus Versorgungssicherheit, Bezahlbarkeit und Umweltverträglichkeit, ausgewirkt hat.

Jedoch ist dies eine Gelegenheit, Hans-Werner Sinn aus seinem ifo-Standpunkt Nr. 30 noch einmal zu Wort kommen zu lassen: »Dennoch schlägt die Steinkohlesubvention dem Fass den Boden aus. Pro Arbeitnehmer und Jahr steuert der Staat etwa 56 Tausend Euro bei. Würde man die Zechen schließen, so könnte man mit den ersparten Subventionen jeden freigesetzten Arbeitnehmer in einem Spitzenhotel wohnen lassen und ihn obendrein mit einem großzügigen Taschengeld verwöhnen.«

4.4 Kohleausstieg

Vor der Analyse des Kohleausstiegs ist eine grundsätzliche Bemerkung zur Kohleverstromung aus Autorensicht angebracht. Die öffentliche Diskussion über Kohlekraftwerke ist ein kommunikativer Sündenpfuhl biblischen Ausmaßes. Die Erzeugung elektrischer Energie in Kohlekraftwerken wird regelmäßig mit abwertenden Ausdrücken belegt, von denen »altmodisch« noch zu den harmloseren zählt.

Besonders beliebt sind die politischen Kampfbegriffe »Dreckschleuder«, »Klimakiller« und »Dinosaurier der Energieversorgung«. Ganze Berufsgruppen werden durch eine moralisierende Rhetorik als »fossiles Imperium« herabgewürdigt – oft durch Personen, die sich bei anderen Gelegenheiten über die vermeintliche Verrohung der politischen Debatte beklagen. Vollends offensichtlich wird die politische Schieflage des Sagbaren an den Wikipedia-Seiten zum Kohleausstieg. Dort findet sich das Foto einer jungen Frau in einem T-Shirt mit der Aufschrift »FCK 2038«. Anzeigen wegen Hassrede und Delegitimierung des Staates (immerhin handelt es sich bei der Jahreszahl um ein gesetzlich festgelegtes Datum) gegen die »Aktivistin« sind allem Anschein nach nirgends eingegangen.

Ungeachtet des Streits über Kohlekraftwerke ist die Verbrennung von Kohle an sich weder gut noch schlecht. Einerseits hat die preiswerte Verfügbarkeit elektrischer Energie aus Kohlekraftwerken einen maßgeblichen Anteil daran, dass in den vergangenen Jahrzehnten 800 Millionen[118] Chinesen und 270 Millionen[119] Inder der Armut entkommen sind und ein menschenwürdiges Leben führen. Auch in Europa bildete Kohlestrom an der Schwelle vom 19. zum 20. Jahrhundert den

Schlüssel für Industrialisierung und Wohlstand. Das deutsche Wirtschaftswunder nach dem Zweiten Weltkrieg ist nicht zuletzt der Ruhrkohle zu verdanken. Außerdem war die Ruhrkohle nach dem Zweiten Weltkrieg einer der Gründe für die Schaffung der Montanunion – einem Vorläufer der EU.

Andererseits stoßen Kohlekraftwerke gesundheitsschädliche Rußpartikel aus und sind im Weltmaßstab die größte Quelle von CO_2. Ich bin deshalb der Meinung, dass eine Moralisierung der Kohleverstromung, wie im Übrigen auch aller anderen Energietechnologien, unangebracht ist. Vor diesem Hintergrund wollen wir annehmen, dass sich die Mitglieder der beiden Verhandlungsdelegationen im Folgenden trotz möglicher Meinungsunterschiede einer gemäßigten Wortwahl bedienen.

Frage 4-1: Versorgungssicherheit durch Kohleausstieg?

Die ÖS-Delegationsmitglieder würden vermutlich argumentieren, der Kohleausstieg habe sich nicht negativ auf die Versorgungssicherheit ausgewirkt, weil der von den Kritikern befürchtete Blackout ausgeblieben ist. Sie würden ferner prognostizieren, ein beherzter Ausbau von Sonnen- und Windenergie würde nicht nur den Atomausstieg, sondern auch den Wegfall der Kohlekraftwerke ausgleichen.

Die FK-Delegationsmitglieder würden dem widersprechen. Sie würden darauf hinweisen, dass elektrische Energie aus Kohlekraftwerken neben Kernkraft- und Gaskraftwerken zu den regelbaren und somit grundlastfähigen Energiequellen gehört. Im Gegensatz dazu schwanken Sonnen- und Windenergie und sind nur in Kombination mit Energiespeichern im Gigawattstundenmaßstab regelbar. Um den Strombedarf Deutschlands für eine Woche zu bevorraten, sind sogar zehn Terawattstunden Speicherkapazität nötig.

Grundlastfähige Kraftwerke wie Kohlekraftwerke stabilisieren darüber hinaus mit ihren schnell rotierenden Turbinen-

und Generatormassen als sogenannte Momentanreserve die Netzfrequenz – eine Funktion, die erneuerbare Energiequellen nicht erfüllen. Die Abschaltung von Kohlekraftwerken wirkt sich somit nach Einschätzung der Freiheitlich-Konservativen destabilisierend auf das Stromnetz aus.

Eine Möglichkeit zur Erzielung eines mehrheitlich tragbaren Abstimmungsergebnisses könnte in dem Hinweis bestehen, dass die vorliegende Analyse sich nur auf die bereits erfolgten Abschaltungen von Kohlekraftwerken bezieht, jedoch nicht auf die Zukunft. Damit könnte die Kontroverse über Möglichkeit oder Unmöglichkeit einer erneuerbaren Vollversorgung mit elektrischer Energie aus der Betrachtung ausgeklammert werden.

Es bliebe dann die Beobachtung übrig, dass aufgrund der Energiekrise ab 2022 den Betreibern die Stilllegung bestimmter Kohlekraftwerke untersagt wurde. Dies wäre nicht geschehen, wenn diese keinen günstigen Einfluss auf die Versorgungssicherheit gehabt hätten.

Die Anzahl dieser Kraftwerke ist auf den Wikipedia-Seiten zum Thema »Ausstieg aus der Kohleverstromung in Deutschland[120]« in einer Tabelle mit gelber Farbe gekennzeichnet. Die zweistellige Anzahl dieser Anlagen zeigt, dass es sich hier um einen nicht zu vernachlässigenden Effekt handelt. Es ist schwer vorstellbar, dass sich nach eingehender sachlicher Beratung zwischen den beiden Verhandlungsdelegationen nicht schlussendlich ein Einvernehmen über einen negativen Einfluss des bisherigen Kohleausstiegs auf die Versorgungssicherheit einstellen würde.

Die Antwort auf Teilfrage 4-1 lautet somit: *schlechter*. Die deutsche Stromversorgung steht durch die politische Maßnahme des Kohleausstiegs im Kriterium Versorgungssicherheit schlechter als in einem energiepolitischen Minimalstaat.

Frage 4-2: Bezahlbarkeit durch Kohleausstieg?

Bei der Bezahlbarkeit von Energie in Folge des Kohleausstiegs würde sich vermutlich ein ähnliches Diskussionsmuster zwischen den beiden Verhandlungsdelegationen ergeben wie schon bei der Versorgungssicherheit.

Die Vertreter der ÖS-Fraktion würden möglicherweise argumentieren, der Wegfall von Kohlekraftwerkskapazität könne in Zukunft durch preisgünstige erneuerbare Energien und die in der Kraftwerksstrategie[121] der Bundesregierung geplanten Gaskraftwerke ausgeglichen werden. Sie würden mit Sicherheit auch auf die Möglichkeit künftiger Importe von grünem Wasserstoff verweisen, der an günstigen Solar- und Windstandorten wie Namibia beziehungsweise Chile hergestellt werden könne.

Die Vertreter der FK-Fraktion würden entgegenhalten, der Bundesfinanzminister würde allein für das Jahr 2024 über acht Milliarden Euro zusätzliches Geld für die Finanzierung[122] des EEG aus dem Staatshaushalt benötigen. Die Gesamtkosten für die EEG-Subventionen würden zweistellige Milliardenbeträge umfassen und in dem Maße anwachsen, wie die erneuerbaren Energien immer ambitionierter ausgebaut werden. Außerdem würden sie darauf verweisen, dass angesichts der Baugeschwindigkeiten öffentlicher Infrastrukturprojekte in Deutschland und der begrenzten Kapazität von Kraftwerksbauern ein Bau der in der Kraftwerksstrategie der Bundesregierung geplanten Gaskraftwerke unwahrscheinlich ist.

Die Synthese der beiden Auffassungen dürfte hier, ähnlich wie bei Frage 4-2, darin bestehen, den Blick für die Analyse auf die Vergangenheit zu fokussieren. Mit der bereits erfolgten Beendigung eines Teils der Kohleverstromung wird eine preiswerte grundlastfähige Quelle elektrischer Energie vom Netz genommen. Ungeachtet der Tatsache, dass die Kohleverstromung unzweifelhaft hohe CO_2-Emissionen verursacht, dürfte eine faktenbasierte Einigung auch hier zu dem Ergebnis führen, dass der bisher realisierte Teil des Kohleausstiegs für Verschlechterung der Bezahlbarkeit gesorgt hat.

Die Antwort auf Teilfrage 4-2 lautet somit: *schlechter*. Die deutsche Stromversorgung steht durch die politische Maßnahme des Kohleausstiegs im Hinblick auf Bezahlbarkeit schlechter als in einem energiepolitischen Minimalstaat.

Frage 4-3: Umweltverträglichkeit durch Kohleausstieg?

Beim Beitrag des Kohleausstiegs zur Umweltverträglichkeit dürfte sich zwischen den beiden Verhandlungsdelegationen schnell Einigkeit erzielen lassen. Jedoch müssen die CO_2-Emissionen und die Partikelemissionen getrennt betrachtet werden.

Auf den ersten Blick könnte man geneigt sein, den Wegfall hoher CO_2-Emissionen aus deutschen Kohlekraftwerken mit einer Verringerung des weltweiten CO_2-Ausstoßes gleichzusetzen. Doch die Sache ist nicht ganz so einfach, wie wir schon bei der Umweltwirkung von Atomeinstieg und Atomausstieg gesehen haben.

Wie in Abschnitt 4.1 beschrieben, sind die CO_2-Emissionen der Kraftwerke in der Europäischen Union durch das EU-Zertifikatehandelssystem EU-ETS fixiert. Vereinfacht gesprochen, legt die EU fest, wie viele Millionen Tonnen CO_2 alle Kraftwerke und andere dem EU-ETS unterworfenen Emittenten der EU pro Jahr ausstoßen dürfen. Die Verringerung der Emissionen in einem Land wie beispielsweise Deutschland durch den Kohleausstieg führt zu einem Preisverfall der Zertifikate. Dieser hat zur Folge, dass das in Deutschland eingesparte CO_2 dann beispielsweise in polnischen Kohlekraftwerken emittiert wird.

Aus diesem Grund verbessert der Kohleausstieg zwar die deutsche CO_2-Bilanz, aber nicht die EU-Bilanz. Er ändert somit nichts an den CO_2-Emissionen der Welt. Das gleiche Argument wurde übrigens von Beamten des Bundeswirtschaftsministeriums BMWK im Zusammenhang mit dem

10 Bewertung des Kohleausstiegs

Maßnahme	Versorgungs- sicherheit	Bezahlbarkeit	Umweltverträg- lichkeit
1. Atomeinstieg	besser	unentschieden	unentschieden
2. Atomausstieg	schlechter	schlechter	unentschieden
3. Kohlepfennig	unentschieden	schlechter	schlechter
4. Kohleausstieg	schlechter	schlechter	besser

Zum Vergleich sind zusätzlich die Bewertungen aus
den vergangenen Abschnitten angegeben.

Atomausstieg vorgebracht, um den Atomausstieg als klimapolitisch wirkungslos zu kennzeichnen. Da der Kohleausstieg
die weltweiten CO_2-Emissionen nicht senkt, kann aus diesem
Argument weder eine Verbesserung noch eine Verschlechterung der Umweltbilanz hergeleitet werden.

Wie sieht es mit den Partikeln aus? Der Kohleausstieg
würde in Deutschland die Emission gesundheitsschädlicher
Rußpartikel verringern. Dadurch würden weniger Atemwegs-
erkrankungen entstehen. Auch die Nebenwirkungen des
Kohlebergbaus würden verringert. Wir hatten uns zu Beginn
dieses Kapitels darauf verständigt, bei der Umweltbilanz die
nationale Perspektive einzunehmen. Da nicht-CO_2-Umwelt-
belastungen in Deutschland durch den Kohleausstieg abneh-
men, kann die Umweltbilanz als positiv betrachtet werden.

Die Antwort auf Teilfrage 4-3 lautet somit: *positiv*. Die
deutsche Stromversorgung steht durch die politische Maßnahme des Kohleausstiegs in ihrer Umweltbilanz besser als in
einem energiepolitischen Minimalstaat.

Fazit zum Kohleausstieg

In Tabelle 10 fassen wir das Ergebnis unserer Analyse zu den
Wirkungen des Kohleausstiegs auf Versorgungssicherheit, Bezahlbarkeit und Umweltverträglichkeit zusammen. Im Ergebnis des Kohleausstiegs haben sich Versorgungssicherheit und

Bezahlbarkeit verschlechtert, während sich die Umweltverträglichkeit verbessert hat.

Die wesentlichen Argumente waren für die Versorgungssicherheit der Wegfall einer grundlastfähigen Energietechnologie, für die Bezahlbarkeit der Wegfall einer preiswerten Energietechnologie und für die Umweltverträglichkeit der Wegfall von Partikelemissionen. Als Gesamtnote ergibt sich für den Kohleausstieg somit eine – 1.

4.5 Gasgeschäfte

Bei der Analyse der Gasgeschäfte der Bundesrepublik Deutschland mit der Sowjetunion zwischen 1970 und 1990 gibt es eine Besonderheit. Ich halte es für wahrscheinlich, dass die beiden Verhandlungsparteien zwar die politische Bedeutung der Gasgeschäfte sehr unterschiedlich bewerten würden, sich jedoch bei der Analyse der techno-ökonomisch-ökologischen Kriterien Versorgungssicherheit, Bezahlbarkeit und Umweltverträglichkeit schnell auf einen gemeinsamen Nenner einigen würden.

Die ÖS-Fraktion würde die unter dem SPD-Bundeskanzler Willy Brandt eingeleiteten Gasgeschäfte wahrscheinlich als Beitrag zur friedlichen Koexistenz zwischen der kapitalistischen BRD und der sozialistischen UdSSR betrachten und politisch befürworten. Die FK-Fraktion würde den Handel mit dem politischen Gegner vermutlich eher kritisch sehen und mit Blick auf die potenzielle Erpressbarkeit Deutschlands möglicherweise politisch ablehnen. Andere Teile der FK-Fraktion würden die Gasgeschäfte vielleicht positiv beurteilen und darauf verweisen, dass die Gasgeschäfte auch unter der Kanzlerschaft von Helmut Kohl fortgesetzt wurden.

Interessanterweise dürften diese politischen Meinungsunterschiede zwischen den Fraktionen und innerhalb der Fraktionen jedoch keinen nennenswerten Einfluss auf die

Beantwortung der folgenden drei Energiefragen haben. Deshalb ist es aus meiner Sicht nicht nötig, sie als fiktive Debatten zwischen ÖS und FK zu formulieren. Sie können meines Erachtens aus allgemeiner Sicht oder aus Moderatorinnensicht zufriedenstellend beantwortet werden.

Frage 5-1: Versorgungssicherheit durch Gasgeschäfte?

Die Gasgeschäfte mit Russland haben die Vielfalt der Bezugsquellen von Erdgas erhöht – unabhängig davon, wie diese Geschäfte politisch bewertet werden. Dank der Diversifizierung der Lieferwege entsteht eine ähnliche Situation wie im Abschnitt 4.1, wo es um den Beitrag der Kernenergie zur Versorgungssicherheit ging.

Um die Frage nicht voreilig positiv zu beantworten, halten wir kurz inne und fragen, ob es nicht Argumente gibt, die für eine Verringerung der Versorgungssicherheit im Ergebnis der Gasgeschäfte mit der Sowjetunion sprechen. Hier ließe sich die theoretische Möglichkeit eines russischen Gasboykotts ins Feld führen. Um dessen hypothetischen Einfluss auf die Versorgungssicherheit zu bewerten, müsste rückwirkend eine Abwägung getroffen werden, ob das Risiko eines sowjetischen Lieferstopps größer gewesen war als das Risiko des Wegfalls von Erdgaslieferanten aus anderen Ländern.

Der bekennende Antikommunist Franz-Josef Strauß, jeglicher Sympathie für die Sowjetpolitik unverdächtig, hat mit dem ihm zugeschriebenen Spruch »Russenwechsel sind Gold wert« auf diese Frage eine Antwort gegeben.

Wir wollen deshalb vermuten, dass aus der Perspektive der Bundeskanzler Brandt, Schmidt und Kohl das Risiko eines sowjetischen Lieferstopps geringer war als der Gewinn an Versorgungssicherheit.

Die Antwort auf Teilfrage 5-1 lautet somit: *besser*. Die deutsche Energieversorgung steht durch die politisch flankierten Gasgeschäfte mit der Sowjetunion hinsichtlich ihrer Versorgungssicherheit besser als in einem energiepolitischen Minimalstaat.

Frage 5-2: Bezahlbarkeit durch Gasgeschäfte?

Die Gasgeschäfte haben der alten Bundesrepublik Zugang zu preiswertem sowjetischem Erdgas verschafft. Auch nach der deutschen Wiedervereinigung lieferte Russland bis in die 2000er-Jahre zuverlässig Gas. Davon haben Haushalte und Industrie profitiert. Doch vor einer vorschnellen Beantwortung dieser Frage mit dem Attribut positiv lohnt sich auch hier ein kurzes Innehalten. Gibt es Umstände, die gegen eine preisdämpfende Wirkung der Gasgeschäfte sprechen?

Das bereits in Kapitel 2 zitierte Buch von Pohl liefert dafür zwei Anhaltspunkte. Wie aus Tabelle 4 erkennbar ist, wurden die Erdgas-Röhren-Kredite I bis V über die Kreditanstalt für Wiederaufbau (KfW) abgesichert. Dem Vernehmen nach waren die Konditionen dafür günstig. Diese Risikoübernahme könnte als verdeckte Subvention interpretiert werden, die die Gaspreise zulasten der Gesellschaft geringfügig verbilligt.

Gleichwohl dürfte es schwierig und unter Fachleuten hochgradig umstritten sein, die tatsächlichen gesellschaftlichen Kosten dieser Risikoübernahme zu quantifizieren.

Ein zweiter Aspekt war die Tatsache, dass auch das Bankenkonsortium unter Führung der Deutschen Bank Zinssätze gewährte, die etwas unter dem üblichen Marktzins gelegen haben sollen. Darüber soll es im Konsortium intensive Auseinandersetzungen gegeben haben. Ich vermute jedoch, dass es sich bei beiden Erleichterungen der Geschäfte um schwache Effekte gehandelt hat, die die positive Wirkung der günstigen sowjetisch-russischen Gaspreise nicht geändert haben dürften.

Die Antwort auf Teilfrage 5-2 lautet somit: *besser*. Die deutsche Energieversorgung steht durch die politisch flankierten Gasgeschäfte mit der Sowjetunion und mit Russland hinsichtlich ihrer Bezahlbarkeit besser als in einem energiepolitischen Minimalstaat.

Frage 5-3: Umweltverträglichkeit durch Gasgeschäfte?

Die Einschätzung der Umweltbilanz der Gasgeschäfte wird dadurch erschwert, dass sie von der Frage abhängt, ob die sowjetischen Gaslieferungen Kohle oder Erdgas ersetzt haben. Mit dem Ersatz von Erdgas ist gemeint, dass billiges sowjetisches Gas Exporte von Erdgas aus teureren Quellen verdrängt hätte.

Beim Ersatz von Kohle in Kraftwerken und Heizungen durch Erdgas hätte sich die globale CO_2-Bilanz geringfügig verbessert, weil Erdgas beim Verbrennen weniger CO_2 emittiert als Kohle. Auch die Partikel- und Schadstoffemissionen wären etwas zurückgegangen.

Hätte das sowjetische Erdgas hingegen auf Grund seines Preisvorteils lediglich hochpreisiges Importgas aus anderen Quellen ersetzt, hätte es keinen Einfluss auf die Umweltbilanz gehabt. Da die genauen Substitutionsmechanismen unbekannt sind, gehen wir davon aus, dass es keine starken und unbestrittenen Argumente für eine positive Umweltbilanz gibt.

Die Antwort auf Teilfrage 5-3 lautet somit: *unentschieden.* Die deutsche Energieversorgung steht durch die politisch flankierten Gasgeschäfte mit der Sowjetunion und später mit Russland hinsichtlich ihrer Umweltverträglichkeit weder besser noch schlechter als in einem energiepolitischen Minimalstaat.

Fazit zu den Gasgeschäften

In Tabelle 11 fassen wir das Ergebnis unserer Analyse zu den Wirkungen der Gasgeschäfte auf Versorgungssicherheit, Bezahlbarkeit und Umweltverträglichkeit zusammen. Im Ergebnis der Gasgeschäfte haben sich Versorgungssicherheit und Bezahlbarkeit verbessert, während der Einfluss auf die Umweltverträglichkeit unentschieden ist.

11 Bewertung der Gasgeschäfte

Maßnahme	Versorgungs-sicherheit	Bezahlbarkeit	Umweltverträg-lichkeit
1. Atomeinstieg	besser	unentschieden	unentschieden
2. Atomausstieg	schlechter	schlechter	unentschieden
3. Kohlepfennig	unentschieden	schlechter	schlechter
4. Kohleausstieg	schlechter	schlechter	besser
5. Gasgeschäfte	besser	besser	unentschieden

Zum Vergleich sind zusätzlich die Bewertungen aus
den vergangenen Abschnitten angegeben.

Die wesentlichen Argumente waren für die Versorgungssicherheit die Erschließung einer zusätzlichen Bezugsquelle
für Erdgas, für die Bezahlbarkeit die günstigen Preiskondi-
tionen und für die Umweltverträglichkeit die unbekannte
Größenordnung möglicher positiver Effekte für CO_2- und Partikelbilanz. Als Gesamtnote ergibt sich für die Gasgeschäfte
somit eine + 2.

4.6 Gasembargo

Bei der Beurteilung des Gasembargos ist es – ähnlich wie bei
den Gasgeschäften – sehr wahrscheinlich, dass es zwischen
den beiden Verhandlungsdelegationen keine signifikanten
Meinungsverschiedenheiten gibt, abgesehen von der politischen Bewertung. Deshalb wollen wir die Analyse auch hier
nicht als fiktiven Dialog, sondern aus allgemeiner Perspektive
beschreiben.

Frage 6-1: Versorgungssicherheit durch Gasembargo?

Die in Abschnitt 2.5 beschriebenen und in Abschnitt 4.5
analysierten Gasgeschäfte mit der Sowjetunion und später
mit Russland hatten für Deutschland die Vielfalt der Bezugs-

quellen des Erdgases erhöht und so zur Verbesserung der Versorgungssicherheit beigetragen. Daraus folgt umgekehrt zwangsläufig, dass die Verringerung der Zahl der Bezugsquellen wegen des Gasembargos sich negativ auf die Versorgungssicherheit Deutschlands auswirkt. Auch hier gilt es wieder, kurz innezuhalten und die Frage zu stellen, ob es in Folge des Gasembargo auch Effekte geben könnte, die für eine Verbesserung der Versorgungssicherheit sprechen.

Es hätte in der Folge der deutschen Energiekrise voll und ganz im Ermessen der Bundestages gelegen, das Verbot[123] einheimischer Erdgasförderung mittels Fracking aufzuheben. In einem solchen Fall hätte der Gasboykott eine Initialzündung für die Förderung deutschen Erdgases bewirkt und in gewissem Maße zur Versorgungssicherheit beigetragen. Anstatt diesen Schritt zu gehen, hat die Bundesregierung es jedoch vorgezogen, die Weichen für den Import ausländischen Erdgases aus Fracking zu stellen. Da sich das deutsche Fracking nicht materialisiert hat, lässt sich daraus auch kein Argument für eine Verbesserung der Versorgungssicherheit ableiten.

Die Antwort auf Teilfrage 6-1 lautet somit: *schlechter*. Die deutsche Energieversorgung steht durch die Einstellung der Gasgeschäfte mit Russland hinsichtlich ihrer Versorgungssicherheit schlechter als in einem energiepolitischen Minimalstaat.

Frage 6-2: Bezahlbarkeit durch Gasembargo?

Der Rückgang der Gaslieferungen von Russland nach Deutschland hat dazu geführt, dass Deutschland alternative Bezugsquellen für den Import von Erdgas erschließen musste. Dabei handelt es sich insbesondere um Lieferungen von Flüssiggas (LNG). Die Bemühungen um neue langfristige Lieferverträge waren nicht immer von Erfolg gekrönt, wie die Reise des Wirtschaftsministers nach Katar[124] im März 2022 zeigte. Der Bezug von Flüssiggas aus den USA erfolgte zu deutlich höheren

Preisen als der Bezug von Pipelinegas aus Russland. Insofern lässt sich sagen, dass sich das Gasembargo negativ auf die Bezahlbarkeit ausgewirkt hat.

Die Antwort auf Teilfrage 6-2 lautet somit: *schlechter*. Die deutsche Energieversorgung steht durch die Einstellung der Gasgeschäfte mit Russland hinsichtlich ihrer Bezahlbarkeit schlechter als in einem energiepolitischen Minimalstaat.

Frage 6-3: Umweltverträglichkeit durch Gasembargo?

Bei der Analyse der Umweltverträglichkeit kämen beide Verhandlungsdelegationen vermutlich zu gleichen Schlüssen. Deshalb schildern wir die Analyse auch hier aus Moderatorinnenperspektive. Bei der Untersuchung der Umweltverträglichkeit müssen wir einerseits zwischen den Klimawirkungen von CO_2 und Methan aus globaler Perspektive und andererseits den Umweltwirkungen durch Rußpartikel und Abgase aus nationaler Perspektive unterscheiden.

Erdgas wird zur Stromerzeugung in Gaskraftwerken, zur Erzeugung von Dampf und Prozesswärme in der Industrie, zum Beispiel zum Schmelzen von Aluminiumschrott, und zur Gebäudeheizung verwendet. Die Kraftwerks- und Industrieanwendungen unterliegen dem CO_2-Emissionshandelssystem EU-ETS. Die Nutzung von Erdgas für Heizzwecke unterliegt in Deutschland seit 2021 dem nationalen Emissionshandelssystem nEHS.

Dank dieser beiden Systeme sind die zugehörigen CO_2-Emissionen gedeckelt. Sanktionen und Importbeschränkungen beim Erdgas wirken sich deshalb zwar auf Preise und Liefermengen, aber nicht auf die Menge des in der EU ausgestoßenen CO_2 aus.

Dennoch gibt es einen Effekt, der sich möglicherweise negativ auf die Klimabilanz des Gasboykotts auswirkt. Neben CO_2 besitzt auch Methan eine deutlich stärkere Klimawirkung. Mit einer bislang unveröffentlichten Studie[125] von Robert

12 Bewertung des Gasembargos

Maßnahme	Versorgungs- sicherheit	Bezahlbarkeit	Umweltverträg- lichkeit
1. Atomeinstieg	besser	unentschieden	unentschieden
2. Atomausstieg	schlechter	schlechter	unentschieden
3. Kohlepfennig	unentschieden	schlechter	schlechter
4. Kohleausstieg	schlechter	schlechter	besser
5. Gasgeschäfte	besser	besser	unentschieden
6. Gasembargo	schlechter	schlechter	unentschieden

Zum Vergleich sind zusätzlich die Bewertungen aus
den vergangenen Abschnitten angegeben.

Howarth von der Cornell University (USA) ist der Verdacht
gestiegen, dass die Klimawirkungen von LNG aus Fracking
wegen der Rolle des Methans deutlich größer sind als bei kon-
ventionellem Erdgas. Somit liegt es im Bereich des Möglichen,
dass es durch das Gasembargo zu einer leichten Verstärkung
der globalen Klimawirkungen kommt – im Sinne unserer Analyse ein negativer Umwelteffekt.

Welchen Einfluss hat das Gasembargo auf die deutschen
Emissionen von Partikeln und Schadstoffen? Durch die Verteuerung von Erdgas in Deutschland kommt es zu einer Ver-
brauchsverringerung, die auch die Schadstoffemissionen ab-
senkt.

Es gibt jedoch noch einen anderen Effekt. Im Zuge der Energiekrise wurde die Stilllegung von Kohlekraftwerken teilweise verlangsamt. Dies führt zu einem Substitutionseffekt von
Erdgasverbrennung durch Kohleverbrennung. Da die Kohleverbrennung wesentlich mehr Schadstoffe emittiert, wäre dies
mit einer leicht negativen Umweltwirkung verbunden.

Beide Effekte – sowohl der Klimaeffekt durch CO_2 und
Methan als auch die nationalen Emissionen von Partikeln
und Schadstoffen – sind nur mit sehr großer Unsicherheit zu
quantifizieren und wären vermutlich im Vergleich zu anderen
betrachteten Beispielen, wie dem Kohleausstieg, schwach. Aus

diesem Grund wollen wir trotz der leichten Tendenz zum Negativen den Umwelteinfluss des Gasboykotts als unentschieden betrachten.

Die Antwort auf Teilfrage 6-3 lautet somit: *unentschieden*. Die deutsche Energieversorgung steht durch die Einstellung der Gasgeschäfte mit Russland hinsichtlich ihrer Umweltverträglichkeit vermutlich weder besser noch schlechter als in einem energiepolitischen Minimalstaat.

Fazit zu den Gasgeschäften

In Tabelle 12 fassen wir das Ergebnis unserer Analyse zu den Wirkungen des Gasembargos auf Versorgungssicherheit, Bezahlbarkeit und Umweltverträglichkeit zusammen. Im Ergebnis des Gasembargos haben sich Versorgungssicherheit und Bezahlbarkeit verschlechtert, während der Einfluss auf die Umweltverträglichkeit unentschieden ist.

Die wesentlichen Argumente waren für die Versorgungssicherheit der Wegfall einer wichtigen Bezugsquelle für Erdgas, für die Bezahlbarkeit die gestiegenen Erdgaspreise und für die Umweltverträglichkeit die Schwäche möglicher negativer Effekte für CO_2- und Partikelbilanz. Als Gesamtnote ergibt sich für das Gasembargo somit eine – 2.

Nebenwirkungen

Unsere tabellarische Analyse beschäftigt sich ausschließlich mit der Wirkung politischer Entscheidungen auf die Kriterien Versorgungssicherheit, Bezahlbarkeit und Umweltverträglichkeit. Bei einigen Projekten, wie etwa beim Gasembargo, sind jedoch Effekte zu nennen, die sich zwar nicht direkt auf unsere Analyse auswirken, aber zumindest kurz beleuchtet werden sollten. In diesem Zusammenhang erscheint es angebracht, kurz auf die politische Dimension des Gasembargos einzugehen – ohne hier eine Bewertung vornehmen zu wollen.

Die Befürworter des Gasembargos argumentieren, es sei für Deutschland und die EU wichtig, sich als politische Antwort auf Krieg zwischen Russland und der Ukraine generell von russischen fossilen Energiequellen unabhängig zu machen. Sie verstehen die Einstellung der Gaslieferungen somit als eine logische Konsequenz der Grundprinzipien einer freiheitlich-demokratischen Grundordnung und als Ausdruck der politischen Verurteilung des Einmarsches Russlands in der Ukraine.

Die Kritiker des Gasembargos argumentieren, die Bundesregierung habe durch den erklärten Verzicht auf russisches Erdgas gegen die Interessen ihrer Bevölkerung gehandelt. Sie begründen diese Einschätzung damit, dass Deutschland dadurch eine wichtige Quelle preiswerter Energie stillgelegt habe, die die Voraussetzung für eine wettbewerbsfähige Industrie und für sozialverträgliche Energiepreise für die Bevölkerung sind.

Eine Abwägung zwischen diesen beiden Positionen soll nicht Gegenstand der vorliegenden Analyse sein. Sie werden lediglich hier aufgenommen, um die Komplexität politischer Entscheidungen zur Energiepolitik zu verdeutlichen.

4.7 Erneuerbare-Energien-Gesetz EEG

Bei der Beurteilung des EEG würden die beiden Verhandlungsparteien vermutlich zu gegensätzlichen Argumenten greifen und zu unterschiedlichen Einschätzungen kommen. Der Vater des EEG Hans-Josef Fell hat mir in meinem Gespräch am 15. August 2024 bestätigt, dass er das EEG in allen drei Kriterien als Erfolg beurteilt. Auf seiner Webseite[126] titelte er zum 20. Geburtstag des EEG am 25. Februar 2020: »Heute vor 20 Jahren wurde im Bundestag das Erneuerbare-Energien-Gesetz beschlossen – eine Erfolgsgeschichte bis 2010, mit großer Wirkung bis heute.«

Der ehemalige Präsident des ifo-Instituts Professor Hans-Werner Sinn gehört hingegen zu den Kritikern des EEG. In seinen öffentlichen Stellungnahmen führt er aus, dass er das EEG für ein planwirtschaftliches Instrument halte, das nicht nur zu hohen Kosten führe, sondern auch die Versorgungssicherheit gefährde und paradoxerweise den Klimaschutz untergrabe. Vor diesem Hintergrund sollen hier beide Seiten mit ihren Argumenten zu Wort kommen – in der Hoffnung, dass sich trotz gegensätzlicher Einschätzungen am Ende ein eindeutiges Abstimmungsergebnis herbeiführen lässt.

Frage 7-1: Versorgungssicherheit durch das EEG?

Die Vertreter der ÖS-Fraktion würden argumentieren, der forcierte Ausbau erneuerbarer Energie habe zu einer verringerten Abhängigkeit von fossilen Importen geführt und Deutschland einen Schritt näher zur Energiesouveränität gebracht. Sie würden ferner darauf hinweisen, dass das EEG nicht nur im nationalen Maßstab für einen rapiden Anstieg des Anteils erneuerbaren Stroms auf über 50 Prozent geführt habe, sondern es den Bürgern auch ermögliche, dezentral Strom für ihren eigenen Bedarf zu erzeugen und sich damit unabhängig von Energiekonzernen zu machen. Dadurch habe das EEG einen Beitrag zur Widerstandsfähigkeit des Energiesystems geleistet, neudeutsch auch als Resilienz bezeichnet.

Die Vertreter der FK-Fraktion würden anerkennen, dass das EEG dank der Förderung erneuerbarer Energiequellen dazu geführt habe, dass das deutsche Stromsystem mit Stand 2024 zu mehr als 50 Prozent durch erneuerbare Energie versorgt wird. Gleichzeitig würden sie jedoch betonen, dass elektrische Energie nur etwa ein Fünftel des gesamten Energiebedarfs verkörpert und der Beitrag von Sonne und Wind zur Gesamtenergiebilanz Deutschlands nur bei 10 Prozent liegt.

Wie bereits weiter oben erwähnt, würden sie als negativen Effekt ins Feld führen, dass der Zahl der Steuerungseingriffe, sogenannter »Redispatch-Maßnahmen«, deutlich angestiegen ist. Unabhängig von den Kosten dieser Stabilisierungsmaßnahme wäre dies in den Augen der Freiheitlich-Konservativen ein klares Indiz für gesunkene Versorgungssicherheit gewesen.

Die Freiheitlich-Konservativen würden ferner ins Feld führen, dass Sonne und Wind zwar theoretisch kostenlos Energie liefern, dass sich jedoch Deutschland durch Importe von Solar- und Windkraftanlagen aus China in Exportabhängigkeit begeben würde. Selbst beim Versuch eines hypothetischen Wiederaufstiegs der deutschen Solar- und Windindustrie würden die Freiheitlich-Konservativen darauf verweisen, dass China eine dominierende Lieferquelle für wichtige Rohstoffe wie etwa Seltene Erden für Generatoren und Silizium für Photovoltaik-Anlagen bleiben würde. Somit hätte Deutschland zwar die Abhängigkeit von fossilen Rohstoffimporten reduziert, sich jedoch bei Materialien in Abhängigkeit von China begeben.

Die FK-Delegation würde auch behaupten, erneuerbare Energien leisteten nur dann einen wirklichen Beitrag zur Versorgungssicherheit, wenn der Ausbau von Solar- und Windenergie von einem gleichzeitigen Aufwuchs an Stromspeichern im Gigawattstunden- oder sogar Terawattstundenmaßstab begleitet gewesen wäre. Schlussendlich würde die FK-Fraktion darauf verweisen, dass sich Deutschland in den Jahren nach 2022 vom Stromexporteur zum Stromimporteur gewandelt hat und zu Zeiten geringer Sonneneinstrahlung und schwachen Winds elektrische Energie zu hohen Preisen aus dem Ausland kauft, um eine zuverlässige Stromversorgung zu gewährleisten.

Lassen wir einmal die gegensätzliche Argumentation beider Seiten zur Importabhängigkeit von fossilen Energieträgern und von Materialien für die erneuerbaren Energietechnologien außer Acht, die sich schwer quantifizieren lassen, so verbleiben aus Moderatorinnensicht der wachsende technische Aufwand für die Stabilisierung des Stromnetzes sowie der Ausbau des Stromnetzes für den Transport von Windstrom von Nord nach Süd als zentrale Argumente gegen eine Verbesserung der Versorgungssicherheit. Ich halte es deshalb für wahrscheinlich, dass sich im Falle einer Abstimmung eine Tendenz zugunsten der Einschätzung der FK-Delegation ergeben würde.

Die Antwort auf Teilfrage 7-1 lautet somit mit hoher Wahrscheinlichkeit: *schlechter*. Die deutsche Energieversorgung steht durch das EEG hinsichtlich ihrer Versorgungssicherheit schlechter als in einem energiepolitischen Minimalstaat.

Frage 7-2: Bezahlbarkeit durch EEG?

Für die Freiheitlich-Konservativen wäre die Beantwortung der Frage nach dem Einfluss des EEG auf die Bezahlbarkeit vermutlich ein klarer Fall. Sie könnten nachweisen, dass sich die Strompreise in Deutschland sowohl für Privatkunden als auch für die Industrie stetig nach oben entwickelt hätten und Deutschland hinsichtlich Stromkosten zu den teuersten Ländern der Europäischen Union gehört. Die FK-Fraktion würde auf die Tabelle 5 aus Abschnitt 2.7 verweisen, die die stetig steigenden Kosten für die EEG-Umlage zeigt, die aktuell jährlich einen zweistelligen Milliardenbetrag umfassen.

Bei den Ökologisch-Sozialen würden die Einschätzungen vermutlich uneinheitlich ausfallen. EEG-Vater Hans-Josef Fell bekräftigte mir gegenüber im Gespräch seine Unterstützung für die am 30. Juli 2002 von seinem Parteikollegen Jürgen Trittin aufgestellte Prognose, die Energiewende würde die Bürger nicht teurer zu stehen kommen als eine Eiskugel pro Monat. Grünen-Mitglied Fell meinte, dies wäre tatsächlich so eingetreten, wenn man sein EEG nicht in späteren Jahren verwässert hätte. Die Verantwortung dafür sah er außerhalb seiner Partei.

Für seine These, das EEG habe sich positiv auf die Bezahlbarkeit elektrischer Energie ausgewirkt, zeigt Fell die Abbildung 2 auf Seite 11 seines Buches[127] »Globale Abkühlung«.
Dort stehen für das Jahr 2011 den »12,9 Milliarden Euro
Mehrkosten« der EEG-Umlage zwei Blöcke gegenüber – »Vermiedene Importbrennstoffkosten 2011: 9 Mrd. €« und »Vermiedene externe Kosten 2011: 11 Mrd. €«.

Diese ergeben in Summe »20 Mrd. € Vermeidung«. Somit
hätte nach Fells Berechnung das EEG allein im Jahr 2011 die
gesamtgesellschaftlichen Kosten im Jahr 2011 um 7,1 Milliarden Euro vermindert.

Wäre Ex-Wirtschaftsminister Sigmar Gabriel Teil der Verhandlungen des Energiegipfels, dürfte es an seiner Zugehörig-
keit zum ökologisch-sozialen Lager keine Zweifel geben.

Seine Position zur Bezahlbarkeit unterscheidet sich gleichwohl deutlich von der Fells. Beim Besuch eines Kasseler Solar-
unternehmens am 17. April 2014 rutschte ihm die allgemeine
Bemerkung heraus: »Die Energiewende steht kurz vor dem
Aus. Die Wahrheit ist, dass wir die Komplexität der Energiewende auf allen Feldern unterschätzt haben. Die anderen Länder in Europa halten uns sowieso für Bekloppte.[128]«

Konkreter betrachtete Gabriel es kurz nach Amtsantritt
als neuer Wirtschaftsminister[129] im Dezember 2013 als prio-
ritär, die Kosten des EEG zu senken.

Angesichts solch durchwachsener Lage in der ÖS-Fraktion
dürfte es als ausgemacht gelten, dass bei einer Abstimmung
mindestens ein ÖS-Vertreter zugunsten der FK-Fraktion vo-
tieren würde.

Die Antwort auf Teilfrage 6-2 lautet somit: *schlechter.* Die
deutsche Energieversorgung steht durch das EEG hinsichtlich
ihrer Bezahlbarkeit schlechter als in einem energiepolitischen
Minimalstaat.

Frage 7-3: Umweltverträglichkeit durch das EEG?

Bei der Umweltverträglichkeit ist auch beim EEG zwischen der Wirkung auf die weltweiten CO_2-Emissionen und auf die deutschen Emissionen an Partikeln und Schadstoffen zu unterscheiden. Beginnen wir mit den CO_2-Emissionen.

Einige Vertreter der ÖS-Verhandlungsdelegation würden den steigenden Anteil erneuerbarer Energie am deutschen Strommix mit einem Absinken der CO_2-Emissionen gleichsetzen. Außerdem würden sie argumentieren, Deutschland habe durch sein EEG eine weltweite Pionierrolle beim Ausbau und bei der Kostensenkung erneuerbarer Energien gespielt.

Diesem Fakt stünde gleichwohl ein interner Aktenvermerk des ÖS-regierten Bundeswirtschaftsministeriums aus der Zeit des Atomausstiegs 2023 gegenüber, der vor der Veröffentlichung des Dokuments gestrichen worden war. Dieser Passage zufolge hätte die Abschaltung der deutschen Kernkraftwerke wegen des EU-Zertifikatehandels EU-ETS nicht zu einer globalen Verminderung des CO_2-Ausstoßes geführt.

Die FK-Fraktion würde angesichts des EU-ETS analog zum Atomausstieg und zum Kohleausstieg argumentieren: Da das EU-ETS *de facto* die Menge des von der EU insgesamt ausgestoßenen CO_2 festlegt, ändern weder Atomausstieg noch Kohleausstieg noch EEG etwas an den Emissionen der EU. Somit hätte das EEG keinen Einfluss auf die globale Klimabilanz.

Bei der Beurteilung der Umweltbilanz würde die ÖS-Fraktion die Verringerung von Partikel- und Rauchgasemissionen von Kohlekraftwerken ins Feld führen, die aufgrund des wachsenden Anteils erneuerbarer Energien vom Netz genommen werden könnten.

Die FK-Fraktion würde Nebenwirkungen von Wind- und Solarenergie als negative Effekte für die Umweltbilanz ins Feld führen. Obwohl die externen Kosten von Windenergie und Solarenergie bei Weitem nicht so gut verstanden sind wie

13 Bewertung des Erneuerbare-Energien-Gesetzes

Maßnahme	Versorgungs-sicherheit	Bezahlbarkeit	Umweltverträg-lichkeit
1. Atomeinstieg	besser	unentschieden	unentschieden
2. Atomausstieg	schlechter	schlechter	unentschieden
3. Kohlepfennig	unentschieden	schlechter	schlechter
4. Kohleausstieg	schlechter	schlechter	besser
5. Gasgeschäfte	besser	besser	unentschieden
6. Gasembargo	schlechter	schlechter	unentschieden
7. EEG	schlechter	schlechter	unentschieden

Zum Vergleich sind zusätzlich die Bewertungen aus
den vergangenen Abschnitten angegeben.

bei Kohle und Kernenergie, würden die Freiheitlich-Konservativen vermutlich hohe soziale Kosten durch Landschaftsver-
änderungen und durch Sondermüll in Form ausgedienter So-
larpaneele und faserverstärkter Windrotoren ins Feld führen.
Eine Abstimmung würde mit hoher Wahrscheinlichkeit eine
Patt-Situation ergeben.

Die Antwort auf Teilfrage 7-3 lautet somit: *unentschieden.*
Die deutsche Energieversorgung steht durch das EEG hinsichtlich ihrer Umweltverträglichkeit weder besser noch schlechter
als in einem energiepolitischen Minimalstaat.

Fazit zum EEG

In Tabelle 13 fassen wir das Ergebnis unserer Analyse zu den
Wirkungen des EEG auf Versorgungssicherheit, Bezahlbarkeit und Umweltverträglichkeit zusammen. Im Ergebnis des
EEG haben sich Versorgungssicherheit und Bezahlbarkeit verschlechtert, während der Einfluss auf die Umweltverträglichkeit unentschieden ist.

Die wesentlichen Argumente waren gegen die Versorgungssicherheit der hohe Stabilisierungsaufwand für die Netze, gegen die Bezahlbarkeit die milliardenschwere EEG-Förderung

und für die unentschiedene Umweltverträglichkeit die vermutliche Gleichrangigkeit verringerter Partikelemissionen einerseits und nicht internalisierter externer Kosten von Solar- und Windenergie andererseits. Als Gesamtnote ergibt sich für das EEG somit eine – 2.

Nebenwirkungen

Quer durch die politischen Lager wird oft behauptet, Deutschland habe mit seiner Förderung der erneuerbaren Energien der Welt einen Dienst beim Markthochlauf dieser Technologien und beim Preisverfall erwiesen.

Ebenfalls quer durch die politischen Lager wird dem jedoch auch zuweilen entgegnet, dass hinter einer solchen Behauptung eine Prise Energienationalismus und Naivität durchschimmert.

Die Befürworter der letztgenannten Argumente meinen, Deutschland würde es angesichts der jüngeren Geschichte gut zu Gesicht stehen, nationale Besserwisserei zu vermeiden. Außerdem attestieren sie den Befürwortern des ersten Arguments eine gewisse Naivität, denn es sei unwahrscheinlich, dass ohne das deutsche EEG nicht früher oder später die USA oder China den gleichen Weg gegangen wären.

4.8 Verbote

Zur Frage der Verbote würden die Einschätzungen der beiden Verhandlungsdelegationen vermutlich ebenso kontrovers ausfallen wie beim EEG.

Aufgrund geringer volkswirtschaftlicher Bedeutung klammern wir bei der folgenden Analyse das Glühlampenverbot und die Staubsaugerrichtlinie aus und fokussieren uns auf Verbrennerverbot und Heizgesetz.

Frage 8-1: Versorgungssicherheit durch Verbote?

Viele Vertreter der ÖS-Fraktion stimmen den genannten Verboten zu. Sie begründen ihre Zustimmung in der Regel mit zwei Argumenten. Zum einen betrachten sie Verbote als Innovationstreiber. Zum anderen interpretieren sie die Verbrennungsmotorenrichtlinie und das Heizgesetz nicht als Verbote.

Als Beispiel für den Innovationscharakter von Verboten führen die Ökologisch-Sozialen das im Jahr 2015 in China erlassene Verbot[130] von Motorrädern mit Verbrennungsmotoren in Stadtzentren an. Im Windschatten dieses Beschlusses hat sich in der Volksrepublik ein Boom preiswerter Elektroroller[131]ereignet, von dem seither die ganze Welt profitiert.

Ein anderes Beispiel ist das Verbot FCKW-haltiger Kältemittel in Kühlschränken und Klimaanlagen zum Schutz der Ozonschicht. Überdies weist die ÖS-Fraktion darauf hin, dass weder in der EU-Richtlinie noch im Heizgesetz eine Nutzung von Verbrennungsmotoren beziehungsweise Ölheizungen ausdrücklich ausgeschlossen ist. Vor diesem Hintergrund würden die Vertreter der ÖS-Fraktion keine Einschränkung der Versorgungssicherheit durch die genannten Verbote sehen und die Frage 8-1 vermutlich neutral oder mit leicht positiver Tendenz beantworten.

Eine mögliche Einschätzung der ÖS-Fraktion könnte lauten: »Zusammenfassend lässt sich sagen, dass das Heizgesetz in Deutschland langfristig die Versorgungssicherheit mit Wärme durch die Förderung erneuerbarer Energien und effizienterer Technologien verbessern kann. Kurzfristig könnten jedoch Herausforderungen bei der Umsetzung auftreten, die ebenfalls berücksichtigt werden müssen.« Diese Einschätzung stammt freilich nicht von einem menschlichen Vertreter der ÖS-Gruppe, sondern von der KI-Software ChatGPT, die ich nach Abschluss aller Analysen des Kapitels befragt hatte. Meine konkrete Frage dazu lautete: »Wie wirkt sich das Heizgesetz auf die Versorgungssicherheit mit Wärme aus?«

Auf den Einwand, die Künstliche Intelligenz ließe sich nicht eindeutig der ÖS-Fraktion zuordnen, empfiehlt sich als Test die Eingabe der Frage: »Wie ist die Bilanz der deutschen Energiewende?« Der Schlusssatz der Antwort lautet: »Insgesamt zeigt die Bilanz der deutschen Energiewende sowohl erhebliche Fortschritte als auch Herausforderungen. Während Deutschland auf einem guten Weg ist, seine Klimaziele zu erreichen und die Energieversorgung nachhaltiger zu gestalten, müssen weiterhin Lösungen gefunden werden, um die Versorgungssicherheit, Kostenkontrolle und die Integration erneuerbarer Energien in die bestehende Infrastruktur zu gewährleisten. Die Energiewende bleibt ein dynamischer und komplexer Prozess, der kontinuierliche Anpassungen und Innovationen erfordert.« Angesichts der Tatsache, dass in weiten Kreisen der FK-Fraktion die Bilanz der deutschen Energiewende zum heutigen Zeitpunkt (Ende 2024) auf den einfachen Nenner »Die Energiewende ist gescheitert.« gebracht wird, lässt sich die Antwort der künstlichen Intelligenz klar im ÖS-Lager verorten.

Die Vertreter der FK-Fraktion würden die Auswirkungen von Verbrennerverbot und Heizgesetz auf die Versorgungssicherheit negativ bewerten. Ohne Verbrennerverbot stünde es Käufern frei, sich für Elektroautos, Wasserstoffautos oder Pkw mit Verbrennungsmotor zu entscheiden. Viele Vertreter der FK-Gruppe äußern die Meinung, dass das Batterieauto aufgrund beschränkter Reichweite, langer Ladezeiten und hoher Preise kein vollwertiger Ersatz für Autos mit Verbrennungsmotor sei. Aus den gleichen Gründen wie beim Atom- und Kohleausstieg würden sie den Wegfall konventionell angetriebener Autos demzufolge als Einbuße der Versorgungssicherheit mit Energie und Mobilität betrachten.

Ähnliches würden die Freiheitlich-Konservativen bei der Wärmepumpe ins Feld führen. Ohne Heizgesetz wäre ein Hausbesitzer frei in seiner Wahl, sein Haus mit Ölheizung, Kohlekessel, Gasheizung oder Wärmepumpe zu heizen.

Der durch eine Quote an erneuerbarer Energie erzwungene Umstieg auf Wärmepumpen würde sich demzufolge ebenfalls negativ auf die Versorgungssicherheit auswirken – unabhängig von der Fragen nach den Kosten von Wärmepumpen. Eine Ursache liegt auch hier darin, dass die Wärmepumpe aufgrund geringer Effizienz bei niedrigen Temperaturen und beschränkter Nachrüstbarkeit in Bestandsgebäuden nach Auffassung der FK-Gruppe kein vollwertiger Ersatz für konventionelle Heizungen ist.

Ebenfalls bei beiden Technologien bemängeln die Vertreter der FK-Gruppe, dass Strom für Elektroautos und Wärmepumpen bei Engpässen vom Versorger rationiert oder im Extremfall abgeschaltet werden kann.

Die Freiheitlich-Konservativen würden bei beiden Gesetzen schlussendlich argumentieren, dass, obwohl nirgends ein explizites Verbot von Verbrennungsmotoren oder Ölheizungen festgelegt ist, die entstehenden organisatorischen und finanziellen Hürden so groß sind, dass sie einem Verbot gleichkommen.

Aus der Forderung nach Einheitlichkeit der Argumentation zwischen Versorgungssicherheit bei Atomausstieg, Kohleausstieg und Gasembargo einerseits und den Verboten andererseits ist es wahrscheinlich, dass eine Abstimmung zu einem negativen Ergebnis hinsichtlich Versorgungssicherheit führen würde.

Die Antwort auf Teilfrage 8-1 lautet somit: *schlechter*. Die deutsche Energieversorgung steht durch die Verbote hinsichtlich ihrer Versorgungssicherheit schlechter als in einem energiepolitischen Minimalstaat.

Frage 8-2: Bezahlbarkeit durch Verbote?

Zum Einfluss der beiden Verbote auf die Bezahlbarkeit gibt es bei den Freiheitlich-Konservativen eine klare Einschätzung. Unbenommen der Tatsache, dass manche Vertreter der FK-Fraktion Elektroautos nicht für einen vollwertigen Ersatz für Pkw mit Verbrennungsmotor halten, ist es unbestritten, dass Elektroautos in der Anschaffung deutlich teurer sind als konventionelle Autos. Auch die Heizung mit einer Wärmepumpe erfordert zunächst höhere Investitionskosten als Ölheizungen oder Gasthermen. Die Mitglieder der FK-Delegation kommen deshalb zu dem Schluss, dass sich die Verbote negativ auf die Bezahlbarkeit von Energie und Mobilität auswirken.

Die Ökologisch-Sozialen werden den nachvollziehbaren Argumenten hinsichtlich der Kostenstruktur kaum widersprechen können. Sie führen jedoch die nach ihrer Meinung niedrigeren Betriebskosten ins Feld. Bei den Elektroautos argumentieren sie, dass ein ambitionierter Ausbau erneuerbarer Energiequellen in Zukunft preiswerte klimaneutrale elektrische Energie im Überfluss für das Laden bereitstellen könnte, während der Import von Erdöl für die Herstellung von Benzin und Diesel für konventionelle Fahrzeuge für deutlich höhere Betriebskosten sorgen sollte. Außerdem ließen sich die Batterien beim Laden nutzen, um Schwankungen in der Bereitstellung von Strom aus Sonne und Wind auszugleichen.

Unter dem Stichwort »vehicle to grid« wird sogar die Möglichkeit in Erwägung gezogen, die Autobatterien für die Stabilisierung des Stromnetzes nutzbar zu machen. Auch bei den Wärmepumpen argumentieren die Mitglieder der ÖS-Fraktion, dass die perspektivische Verfügbarkeit preiswerten Ökostroms für die Zukunft niedrigere Kosten für die Heizung als mit fossilen Quellen erzeugen würde. Schlussendlich argumentiert die ÖS-Fraktion, die Zusatzbelastung könne für sozial Schwache durch Fördermaßnahmen gemildert werden.

Die Positionen beider Fraktionen widersprechen sich bei näherer Betrachtung weniger, als dies zunächst erscheint. Während die FK-Fraktion ihre Argumentation auf die Gegenwart und die nahe Zukunft fokussiert, nimmt die ÖS-Fraktion eher die ferne Zukunft und ein optimistisches Szenario in den Blick. Wir hatten zu Beginn des Kapitels vereinbart, dass wir bei der Analyse nur die Vergangenheit und allenfalls die Gegenwart, jedoch nicht die Zukunft betrachten. Vor diesem Hintergrund dürfte es in den beiden Verhandlungsgruppen wenig Zweifel geben, dass die Verbote aktuell zu einer Verringerung der Bezahlbarkeit führen.

Die Antwort auf Teilfrage 8-2 lautet somit: *schlechter*. Die deutsche Energieversorgung steht durch das Verbrennerverbot und das Heizgesetz hinsichtlich ihrer Bezahlbarkeit schlechter als in einem energiepolitischen Minimalstaat.

Frage 8-3: Umweltverträglichkeit durch Verbote?

Bei der Analyse der Umweltbilanz der Verbote gilt es wieder, zwischen der CO_2-Bilanz aus globaler Sicht und der nationalen Sicht auf Partikel- und Schadstoffemissionen zu unterscheiden.

Die FK-Fraktion würde darlegen, dass sowohl Benzin und Diesel für den Automobilverkehr als auch Öl und Gas für Heizungen schon heute dem nationalen Emissionshandel (nEMS) unterliegen.

Das mit ihrer Verbrennung freiwerdende CO_2 ist damit faktisch schon heute gedeckt und kann durch Regulierungsmaßnahmen im Prinzip von Jahr zu Jahr verringert werden, ohne Verbrennungsmotoren oder Ölheizungen zu reglementieren. Wichtiger jedoch wäre für die FK-Fraktion die Aussage, dass sich durch die Verbote die globale CO_2-Bilanz aus diesem Grunde nicht ändert und sie somit keinen Beitrag zum internationalen Klimaschutz leisten.

Die Ökologisch-Sozialen widersprechen den Argumenten hinsichtlich des Emissionshandels in der Regel nicht. Wie bei einer SWR-Radiodiskussion am 6. Juli 2023 in meiner Anwesenheit[132] geschehen, meinen sie jedoch, mit dem Emissionshandel allein ginge der Prozess zu langsam und müsse deshalb intensiviert werden. Sie zitieren dabei die deutschen Klimaziele und sogenannte Sektorenziele, die nach ihrer Meinung ebenfalls erfüllt werden müssten.

Bei den Partikeln und Schadstoffen sind sich beide Verhandlungsdelegationen vermutlich einig, dass die lokalen Emissionen am Ort des elektrisch betriebenen Autos und am Standort des mit Wärmepumpe beheizten Hauses auf Null absinken. Jedoch gehen die Meinungen darüber auseinander, ob, für die gesamte Bundesrepublik betrachtet, die Emissionen steigen oder fallen.

Die FK-Fraktion würde darauf hinweisen, dass der Zusatzbedarf an elektrischer Energie durch Elektroautos und Wärmepumpen im heutigen System nur durch zusätzliche Stromerzeugung in Kohle- und Gaskraftwerken mittels fossiler Energiequellen zu bewerkstelligen sei – anders als in Frankreich mit seinem hohen Anteil an klimaneutralem Strom aus Kernkraftwerken. Dadurch würden nach FK-Meinung die Partikel- und Schadstoffemissionen steigen.

Die ÖS-Fraktion würde dem entgegenhalten, dass in einem künftigen, allein auf Sonne, Wind und Wasserstoff beruhenden Energiesystem auch die Kraftwerksemissionen in Deutschland auf Null sinken würden – und damit die Belastung der Umwelt mit Partikeln und Schadstoffen.

Eine Synthese beider Einschätzungen würde zu dem Schluss kommen, dass der Klimaeffekt der Verbote in der Vergangenheit und Gegenwart vernachlässigbar und allenfalls in der Zukunft positiv sein könnte. Eine Abstimmung über die lokalen Emissionen würde – solange sie nur auf die Vergangenheit und Gegenwart und nicht auf die Zukunft bezogen ist – vermutlich ohne klare Mehrheitsverhältnisse in einer Pattsituation enden.

Die Antwort auf Teilfrage 8-3 lautet somit: *unentschieden*. Die deutsche Energieversorgung steht durch die Verbote hinsichtlich ihrer Umweltverträglichkeit weder besser noch schlechter als in einem energiepolitischen Minimalstaat.

14 Bewertung der Verbote

Maßnahme	Versorgungs-sicherheit	Bezahlbarkeit	Umweltverträg-lichkeit
1. Atomeinstieg	besser	unentschieden	unentschieden
2. Atomausstieg	schlechter	schlechter	unentschieden
3. Kohlepfennig	unentschieden	schlechter	schlechter
4. Kohleausstieg	schlechter	schlechter	besser
5. Gasgeschäfte	besser	besser	unentschieden
6. Gasembargo	schlechter	schlechter	unentschieden
7. EEG	schlechter	schlechter	unentschieden
8. Verbote	schlechter	schlechter	unentschieden

Zum Vergleich sind zusätzlich die Bewertungen aus
den vergangenen Abschnitten angegeben.

Fazit zu Verboten

In Tabelle 14 fassen wir das Ergebnis unserer Analyse zu den
Wirkungen der Verbote von Verbrennungsmotor und Ölheizung auf Versorgungssicherheit, Bezahlbarkeit und Umweltverträglichkeit zusammen. Im Ergebnis der Verbote haben
sich Versorgungssicherheit und Bezahlbarkeit verschlechtert,
während der Einfluss auf die Umweltverträglichkeit unentschieden ist.

Die wesentlichen Argumente waren gegen die Versorgungssicherheit der Wegfall jeweils einer Technologie, gegen
die Bezahlbarkeit die hohen Investitionskosten für Elektroautos und die Umrüstung von Immobilien auf Wärmepum-
penheizung und für die unentschiedene Umweltverträglichkeit eine vermutliche Gleichrangigkeit eines möglicherweise
geringfügig positiven CO_2-Emissionseffekts und eines geringfügig negativen Effekts auf Partikel- und Schadstoffemissionen. Als Gesamtnote ergibt sich für die Verbote somit
eine – 2.

Nebenwirkungen

Verbote schränken die Freiheit von Bürgern und Unternehmern ein. Es gibt in der Bevölkerung keinen Zweifel an der Notwendigkeit von Verboten, die die Schädigung von Mitmenschen durch Mord, Körperverletzung, Diebstahl, Betrug oder Verleumdung verhindern. Demgegenüber wird der Freiheitsbeschränkung und der Wohlstandszerstörung durch eine zu große Zahl an Verboten meines Erachtens in der öffentlichen Diskussion eine zu geringe Rolle beigemessen.

Glühlampenverbot und Staubsaugerrichtlinie machen eine Demokratie nicht zur Diktatur. Kommen jedoch Strohhalme, Plastiktüten, Ölheizungen, »Hassrede« und »Desinformation« dazu, wähnen viele Menschen die Gefahr, dass der Verbots-Tsunami totalitäre Züge annehmen kann – mit erheblichen Konsequenzen für den Wohlstand. Aus diesem Grund lohnt sich zum Abschluss dieses Abschnitts ein Gedankenexperiment zu den sozialen Kosten von Verboten.

Das Bruttosozialprodukt (BIP) Nordkoreas ist nicht genau bekannt, soll jedoch gemäß Weltbank in der Größenordnung von 1000 Dollar pro Kopf und Jahr liegen. Das BIP Südkoreas liegt bei 32 000 Dollar. Südkorea ist eine wohlhabende Demokratie. Nordkorea ist eine bettelarme Diktatur. Ich konnte mich im März 2006 bei einer Dienstreise an die Kim Chaek Universität in Pjöngjang aus erster Hand von Letzterem überzeugen. Während einer zweistündigen Besprechung mit Kollegen aus dem Institut für Thermodynamik und Wärmetechnik, selbstverständlich in Anwesenheit mehrerer Aufpasser aus dem Dezernat für internationale Beziehungen, fiel vier Mal der Strom aus. Schuld an Stromausfällen und Energiemangel waren selbstverständlich die Vereinigten Staaten von Amerika. Der Unterschied im BIP zwischen Nord- und Südkorea beträgt rund 30 000 Dollar.

Das Geschwisterpaar Nordkorea-Südkorea ist ein Reallabor für die wohlstandsvernichtende Wirkung von Freiheits-

beschränkungen. Während Bürger und Unternehmen in Südkorea große persönliche und unternehmerische Freiheiten
genießen, ist das Leben in der sozialistischen Diktatur Nordkoreas von Unfreiheit, Indoktrination und Entbehrungen gekennzeichnet. Der Staat schreibt sogar standardisierte Haar-
frisuren für Damen und Herren vor, führt aber – ähnlich wie
die DDR – das Wort »Demokratisch« in seinem offiziellen Lan-
desnamen.

Nach dem Koreakrieg hatten beide Landesteile ähnliche
Startbedingungen. Die industrielle Basis war in Nordkorea
sogar besser als in Südkorea. Während sich der südliche
Landesteil durch Freiheit, Marktwirtschaft und Kapitalismus
zu einem der leistungsfähigsten und wohlhabendsten Staaten
der Region entwickelte, sank Nordkorea aufgrund von Unfreiheit, Planwirtschaft und Sozialismus zum Armenhaus Asiens
ab. Bei aller Tragik des Schicksals erbringt dieses für die Nord-
koreaner traurige Experiment den Beweis, dass – rein rechnerisch – jedes Prozent Freiheitsbeschränkung jeden Koreaner
um 300 Dollar pro Jahr ärmer macht. Dieser Aspekt sollte bei
den leichtfertigen Verbotsdebatten in Deutschland stärker
berücksichtigt werden.

4.9 Gesamtschau

In Tabelle 15 fassen wir die Ergebnisse der Analyse aller
24 Fragen zusammen. Nehmen wir an, die Bedeutung der drei
Kriterien Versorgungssicherheit, Bezahlbarkeit und Umweltverträglichkeit sei gleich, dann lassen sich für jede Maßnahme
die Einzelnoten zu einer Gesamtnote summieren und diese in
einer Gesamtschau betrachten.

Zunächst stellen wir fest, dass keine der acht Maßnahmen
die Höchstnote + 3, aber auch keine die Tiefstnote – 3 erhalten hat. Die höchste vergebene Note + 2 erreichen die Gasgeschäfte. Die zweithöchste Note der Atomeinstieg mit + 1.

15 Gesamtschau der Staatsprojekte zu Energie und Klima

Maßnahme	Versorgungs-sicherheit	Bezahl-barkeit	Umweltver-träglichkeit	Gesamt-bewertung
1. Atomeinstieg	+ 1	0	0	+ 1
2. Atomausstieg	– 1	– 1	0	– 2
3. Kohlepfennig	0	– 1	– 1	– 2
4. Kohleausstieg	– 1	– 1	+ 1	– 1
5. Gasgeschäfte	+ 1	+ 1	0	+ 2
6. Gasembargo	– 1	– 1	0	– 2
7. EEG	– 1	– 1	0	– 2
8. Verbote	– 1	– 1	0	– 2

Die in der letzten Spalte angegebene Zahl ist jeweils die
Summe aus den drei Bewertungen für
Versorgungssicherheit, Bezahlbarkeit und Umweltverträglichkeit.

Die schlechteste vergebene Note – 2 erhalten gleich fünf Maßnahmen: Atomausstieg, Kohlepfennig, Gasembargo, EEG und
Verbote. Bemerkenswert ist, dass keine einzige energie- und
klimapolitische Maßnahme seit der deutschen Wiedervereinigung eine in allen drei Kriterien des energiepolitischen Ziel-
dreiecks positive Gesamtbilanz besitzt.

Bei manchen Lesern mag sich der Wunsch einstellen, auch
spaltenweise eine Summation vorzunehmen, um die Gesamtbilanz deutscher Energie- und Klimapolitik separat auf die
drei Erfolgskriterien aufzuschlüsseln. Eine simple Addition
wäre jedoch nicht angemessen, weil die wirtschaftlichen Ge-
wichte der einzelnen Maßnahmen sehr unterschiedlich sind.
Das bezieht sich sowohl auf die Höhe der staatlicher Unter-
stützungen durch Steuergelder, wie bei Atomeinstieg, Kohlepfennig und EEG, als auch auf die wirtschaftlichen Schäden
durch Vernichtung volkswirtschaftlichen Kapitals, wie etwa
bei Atomausstieg, Kohleausstieg, Gasembargo und bei den
Verboten.

Würden wir nur die vier für den deutschen Staatshaushalt teuersten Maßnahmen 1 – Atomeinstieg, 3 – Kohlepfen-

nig, 4 – Kohleausstieg und 7 – EEG betrachten und nur deren Werte zusammenrechnen, kämen wir zu dem Schluss, dass der Einfluss dieser vier Aktionen auf die Versorgungssicherheit mit der Punktzahl – 1, der Einfluss auf die Bezahlbarkeit mit – 3 und der Einfluss auf die Umweltverträglichkeit 0 beträgt.

Tabelle 15 lässt ein denkwürdiges Fazit zu: Hätte die Bundesrepublik Deutschland in den vergangenen 70 Jahren auf alle acht von uns analysierten energie- und klimapolitischen Staatsprojekte verzichtet, würden wir heute in keinem der drei Merkmale Versorgungssicherheit, Bezahlbarkeit und Umweltverträglichkeit schlechter stehen, als wir es heute tun, in einigen sogar besser.

Die Energie- und Klimabilanz eines hypothetischen Minimalstaats Deutschland wäre besser als die der realen Bundesrepublik. Von den eingesparten Steuergeldern in Höhe einer reichlichen halben Billion Euro (20 Milliarden Euro für den Atomeinstieg, 200 Milliarden Euro für den Kohlepfennig, 40 Milliarden Euro für den Kohleausstieg und rund 350 Milliarden Euro für das EEG bis 2024) hätte Deutschland einen Teil seinen Bürgern belassen und von dem anderen Teil die staatlichen Kernaufgaben innere Sicherheit, Landesverteidigung, Infrastruktur und Bildung in angemessener Qualität erfüllen können.

Ein entlastendes Wort zur Rolle von Politikern sei abschießend noch gesagt. Es steht außer Zweifel, dass viele Politiker in dem guten Glauben handeln, das Beste für ihr Land zu tun. Die vorliegende Bilanz zeigt jedoch, dass der Staat – weitgehend unabhängig davon, welche Partei gerade die Geschicke des Landes bestimmt – nicht in der Lage ist, komplexe Systeme effektiv und effizient zu organisieren.

4.10 Zugabe: Was sagt die künstliche Intelligenz?

Nach Abschluss aller Analysen und nach Fertigstellung sämtlicher Bewertungstabellen unternahm ich ein Experiment. Die KI-Software ChatGPT ist in der Lage, auf komplexe Fragen Antworten zu generieren, die sich hinsichtlich Plausibilität und Faktentiefe kaum von Expertenantworten unterscheiden lassen.

Um die Robustheit der Bewertungstabelle 15 zu überprüfen, habe ich der KI-Software nacheinander alle 24 hier behandelten Fragen gestellt. Zunächst bekam die Software jeweils den Text des betreffenden Unterabschnitts »Worum geht es?« zur Verfügung gestellt. Dies diente dazu, dass das Computerprogramm den jeweiligen Begriff wie etwa »Atomeinstieg« für den zu analysierenden Kontext »versteht«.

Anschließend musste ChatGPT für den Atomeinstieg die Frage beantworten: »Wie wirkt sich der deutsche Atomeinstieg vor dem geschilderten Hintergrund auf die Versorgungssicherheit aus? Gib das Ergebnis auf einer Skala von minus Eins (– 1) für negativ bis plus Eins (+ 1) für positiv an.« Anschließend wurde die Frage mit den Kriterien Bezahlbarkeit und Umweltverträglichkeit wiederholt. Der Prozess wurde für jedes der acht Staatsprojekte in analoger Weise durchgeführt. Sämtliche Antworten wurden zu Dokumentationszwecken archiviert. Tabelle 16 zeigt das Ergebnis der KI-Analyse.

Vor der Diskussion der Berechnungsresultate ist die Frage nach der politischen Neutralität von ChatGPT zu klären. Kurz vor der Europawahl im Juni 2024 ließ die Bild-Zeitung die KI-Software die Fragen des Wahl-o-Mat beantworten. Das Ergebnis kommentierte[133] sie mit den Worten: »Erdrutschsieg für die Grünen: So sieht die Parteipräferenz von ChatGPT bei der Europawahl aus«.

Die Software zeigte eine deutliche politische Asymmetrie zugunsten der Parteien, die wir in unserer Bezeichnungsweise

16 Antworten der KI-Software ChatGPT

Maßnahme	Versorgungs-sicherheit	Bezahl-barkeit	Umweltver-träglichkeit	Gesamt-bewertung
1. Atomeinstieg	+ 0,9	+ 0,8	+ 0,4	+ 2,1 [+ 1,1]
2. Atomausstieg	– 0,5	– 0,7	+ 0,3	– 0,9 [+ 1,1]
3. Kohlepfennig	+ 0,6	– 0,7	– 0,8	– 0,9 [+ 1,1]
4. Kohleausstieg	– 0,4	– 0,6	+ 0,9	– 0,1 [+ 0,9]
5. Gasgeschäfte	0	+ 0,5	– 0,5	0 [– 2]
6. Gasembargo	– 0,5	– 1	0	– 1,5 [+ 0,5]
7. EEG	+ 1	0	+ 1	+ 2 [+ 4]
8. Verbote	– 0,5	– 0,5	+ 0,8	– 0,2 [+ 0,8]

Für die Generierung der Tabelle wurden der Software nacheinander die 24 behandelten Fragen wiefolgt gestellt: »Wie wirkt sich die [Maßnahme, z. B. der Atomeinstieg] vor
dem geschilderten Hintergrund auf [Kriterium, z. B. die Versorgungssicherheit] aus?
Gib das Ergebnis auf einer Skala von minus Eins (– 1) für negativ bis plus Eins (+ 1) für
positiv an.« Die Antworten von ChatGPT werden als »schlechter« interpretiert und
schwarz hinterlegt, wenn die Bewertung zwischen – 1 und – 0,333 liegt, als »unentschieden« und grau hinterlegt, wenn die Bewertung zwischen – 0,333 und + 0,333
liegt, als »besser« und weiß hinterlegt, wenn die Bewertung zwischen + 0,333 und + 1
liegt. Die letzte Spalte zeigt die Gesamtbewertung sowie in Klammern die Differenz
zwischen der maschinellen und der menschlichen Antwort. (Ein positives Vorzeichen
bedeutet, dass die KI die Maßnahme besser bewertet als der Energiegipfel.)

dem ökologisch-sozialen Lager zuordnen würde. Eine wissenschaftliche Studie[134] von Forschern der TU Darmstadt, veröffentlicht in einer begutachteten Fachzeitschrift, bestätigte
diese Beobachtung. Daraus lässt sich die Schlussfolgerung ableiten, dass ChatGPT bei der Analyse der deutschen Energie-
und Klimapolitik mit hoher Wahrscheinlichkeit eine Tendenz
zugunsten des ÖS-Lagers aufweist.

Diese Vermutung bestätigt sich beim Lesen der maschinellen Antworten, die in einem energiewendefreundlichen Stil
geschrieben sind. Positiv anzumerken ist, dass die künstliche
Intelligenz die meisten Aspekte in ihre Analyse einbezieht, die
auch im Energiegipfel angesprochen worden sind.

Um eine Vergleichbarkeit zwischen der menschlichen Analyse aus Tabelle 15 und der maschinellen Analyse aus Tabel-

le 16 herzustellen, wurde das Antwortspektrum von ChatGPT zwischen −1 und +1 in die drei gleichgroßen Intervalle [−1, −0,333], [−0,333, +0,333] und [+0,333, +1] eingeteilt. Antworten aus dem ersten Intervall wurden mit dem Prädikat »schlechter« versehen und schwarz eingefärbt, Antworten aus dem zweiten »unentschieden« und grau, Antworten aus dem dritten »besser« und weiß. In der letzten Spalte wird analog zu Tabelle 15 die Summe der Bewertungen der betreffenden Zeile angegeben. Zusätzlich findet sich in eckiger Klammer die Differenz zwischen der maschinellen und der menschlichen Bewertung.

Beim Vergleich der Tabellen fällt ins Auge, dass sich der Schwarzanteil, also der Anteil der negativ bewerteten Felder – zwölf bei der menschlichen und elf bei der maschinellen Analyse – nicht wesentlich unterscheidet. Dass eine dem ÖS-Lager nahestehende KI eine näherungsweise gleich große Zahl an Fragen kritisch beantwortet wie die gesamte Verhandlungsdelegation, darf als Indiz dafür gelten, dass die menschliche Analyse des hypothetischen Energiegipfels keine Schieflage zugunsten des FK-Lagers aufweist. Denn die Ökologisch-Sozialen stehen einem »starken Staat« in der Regel aufgeschlossener gegenüber als die Freiheitlich-Konservativen und sind bei der Kritik staatlicher Interventionen erfahrungsgemäß zurückhaltender.

Bei der Betrachtung der Gesamtbewertung in der Spalte ganz rechts, speziell bei den Differenzen zwischen maschineller und menschlicher Analyse, fällt auf, dass die KI die Maßnahmen tendenziell besser bewertet als der Energiegipfel. Dieser Effekt ist jedoch nicht nur auf die politische Neigung von ChatGPT, sondern auch auf den Umstand zurückzuführen, dass die Software bei ihrer Analyse der Umweltverträglichkeit nicht ganz so fachkundig und differenziert vorgehen kann wie die menschliche Delegation.

Beim Lesen der maschinellen Antworten wird nämlich deutlich, dass die KI – anders als unsere Vereinbarung über die

Bilanzierung von Emissionen zu Beginn dieses Kapitels – nicht zwischen weltweiter und nationaler Emission differenziert und somit eine nationale CO_2-Reduktion positiv bewertet.

Bemerkenswert ist die Abweichung meines Erachtens bei zwei Zeilen – dem Atomeinstieg und dem EEG. Die KI bewertet den Atomeinstieg wegen seines CO_2-Minderungseffekts um reichlich einen Punkt besser als der Energiegipfel. Damit wird möglicherweise deutlich, dass die internationale ökologisch-soziale Bewegung mit ihrer kernenergiefreundlichen Einstellung wie zum Beispiel in Finnland und Schweden der klimaneutralen Kernenergie aufgeschlossener gegenübersteht als ihr deutsches Pendant. Für diese Interpretation spricht die Tatsache, dass Anfragen an ChatGPT vor ihrer Bearbeitung anscheinend ins Englische übersetzt werden und deshalb auf internationales Wissen zugreifen.

Zweitens fällt die um vier Punkte bessere Bewertung des EEG durch die KI gegenüber der menschlichen Analyse auf. Beim Lesen der Antworten wird deutlich, dass hier neben der bereits erwähnten Unterschiede bei der CO_2-Bilanzierung ein Effekt eine Rolle spielt, den wir in unseren Analysen mehrfach angesprochen hatten – die Differenzierung zwischen vergangenen und künftigen Wirkungen. Die KI ließ in ihre Bewertung sowohl vergangene als auch künftige vermutete Wirkungen auf Versorgungssicherheit als auch Bezahlbarkeit einfließen. Dadurch wurde die Versorgungssicherheit besser bewertet als beim Energiegipfel.

Trotz aller Unzulänglichkeiten künstlicher Intelligenz zeigt die vorliegende Analyse, dass dieses Werkzeug in Zukunft eine konstruktive Rolle bei der politischen Entscheidungsfindung spielen könnte.

KI könnte künftig die Arbeit von Bundestagsausschüssen unterstützen und in ferner Zukunft sogar dabei helfen, die Erstellung von Gesetzesvorlagen aus dem Beamtenapparat der Ministerien zurück in die Hände der Parlamentarier zu verlagern.

5. Ein Friedensplan für Energie und Klima

Nachdem die beiden Verhandlungsdelegationen die ersten drei Tagesordnungspunkte des Energiegipfels – Bestandsaufnahme, Maßstabsauswahl, Bewertung – erledigt haben, liegt mit Tabelle 15 ein wichtiges Zwischenergebnis vor. Hätte Deutschland in den vergangenen 70 Jahren, abgesehen von Antimonopol- und Emissionsschutzgesetzen, weder Energie- noch Klimapolitik betrieben, würden wir heute in keinem der Kriterien Versorgungssicherheit, Bezahlbarkeit und Umweltverträglichkeit schlechter stehen.

Mit der eingesparten – je nach Zählweise – halben oder ganzen Billion Euro hätte Deutschland stattdessen Bildung, Landesverteidigung und Infrastruktur auf Weltniveau bringen können. Da dieses Ergebnis keiner einzelnen Partei, keinem einzelnen Politiker, nicht allein dem ÖS-Flügel und auch nicht dem FK-Flügel allein zuzuschreiben ist, hätten sich beide Verhandlungsseiten – wahrscheinlich nach einigen Geburtswehen – zu dieser befreienden Erkenntnis durchgerungen.

Bis hierher bin ich überzeugt, die Ergebnisse eines echten Energiegipfels in groben Zügen verlässlich vorhergesagt zu haben. Bei der nun folgenden Erarbeitung eines Friedensplans begeben wir uns hingegen ins Reich der Spekulation. Im Bewusstsein des damit verbundenen Risikos übernehme ich die volle Verantwortung, dass mein gleich skizzierter Friedensplan möglicherweise deutlich von einem tatsächlichen Verhandlungsergebnis abweicht. Da jedoch ein Weiter-wie-bisher die Spaltung weiter vertiefen und der Gesellschaft schwere Schäden zufügen würde, lohnt sich die Formulierung eines Friedensplans selbst dann, wenn seine Erfolgsaussichten gering erscheinen. Um den Plan aufzustellen, ist es als nächstes

wichtig, die gegensätzlichen Interessen der Verhandlungsparteien genau zu erkunden.

5.1. Ökologisch-soziale und freiheitlich-konservative Interessen

Auf dem Gebiet der Klimapolitik fordert eine Mehrheit der
ÖS-Anhänger, ein starker Staat möge eine gestaltende Rolle
bei der Reduktion der deutschen CO_2-Emissionen einnehmen. Ziel soll – nach heutiger Lesart – die Klimaneutralität
Deutschlands bis zum Jahr 2045 sein. Bei der Auswahl CO_2-ar-
mer Technologien macht ein beträchtlicher Teil der ÖS-Wäh-
lerschaft einen Unterschied zwischen Wind und Sonne einerseits und Kernenergie andererseits. Er schließt nämlich für
sich Kernkraftwerke als Lösung des CO_2-Emissionsproblems
aus.

Zur Erreichung der Klimaneutralität wollen die Vertreter
der ÖS-Delegation langfristig CO_2-arme Technologien durch
Subventionen fördern und die Nutzung fossiler Energiequellen notfalls durch Verbote beenden. Zu den Subventionen gehören die Förderung erneuerbarer Energie mittels des EEG,
Kaufprämien für Elektroautos und finanzielle Unterstützun-
gen für CO_2-Großemittenten wie Stahlwerke bei der Umstel-
lung ihrer Produktion von Koks auf Wasserstoff.

Zu den Verboten gehören die bereits erörterte Beendigung
der Nutzung von Verbrennungsmotoren und Ölheizungen sowie die Einstellung von Kurzstreckenflügen. Im weiteren Sinne gehören zu den Verboten auch die überdurchschnittliche
Besteuerung von Produkten und Dienstleistungen mit hohen CO_2-Emissionen wie den Besitz von Geländewagen, den
Fleischkonsum und Langstreckenflüge.

Eine Untergruppe der ÖS-Fraktion, nennen wir sie die
ÖS-Fundamentalisten, geht noch weiter. Sie fordert mit den
Stichworten »Degrowth« und »Suffizienz« die Einschränkung

wirtschaftlicher Aktivität sowie die Begrenzung individuellen Konsums – notfalls durch staatliche Eingriffe in persönliche und unternehmerische Freiheiten. Wir wollen jedoch davon ausgehen, dass die ÖS-Delegation keine Fundamentalisten enthält. Gleiches werden wir gleich auch über die FK-Delegation annehmen.

Auf dem Gebiet der Energiepolitik vertreten weite Teile der ÖS-Anhängerschaft die Auffassung, eine dezentrale Energieversorgung auf der Basis von Sonne und Wind sei auf Grund stärkerer Bürgerbeteiligung einer zentralisierten Energieversorgung durch Kraftwerke in der Hand von Großkonzernen vorzuziehen. Hinter dieser Auffassung verbirgt sich bei vielen ÖS-Vertretern eine Abneigung gegen die Marktmacht von Konzernen. Bei den ÖS-Fundamentalisten ist sie Spiegelbild einer grundsätzlich kapitalismuskritischen politischen Einstellung.

Das energiepolitische Interesse der ÖS-Fraktion besteht somit darin, eine Machtkonzentration in den Händen großer Energiekonzerne zugunsten dezentraler Versorgungsstrukturen zu vermeiden. Sofern Konzerne überhaupt für die Energieversorgung Verantwortung tragen sollen, plädieren einige ÖS-Vertreter für deren Verstaatlichung.

Wo liegen die Interessen der FK-Anhängerschaft? Ein mutmaßlich beträchtlicher Teil dieser Gruppe sieht die sichere, bezahlbare und umweltfreundliche Energieversorgung als Staatsaufgabe an – ähnlich wie die ÖS-Fraktion. Die FK-Fundamentalisten, in der Regel Anhänger libertärer Weltbilder, lehnen staatliche Betätigung auf dem Gebiet der Energieversorgung vollständig ab.

Wir wollen aus Gründen der Gleichbehandlung annehmen, in der FK-Delegation säßen keine Fundamentalisten – so wie auch in der ÖS-Delegation. Einvernehmen innerhalb der FK-Gruppe bestehe in einer gegenüber den Ökologisch-Sozialen stärkeren Wichtung des Marktes gegenüber dem Staat, einer Ablehnung staatlicher Einmischung in Privatangelegenheiten, einer tendenziell kernenergiefreundlichen Haltung sowie einer weniger ausgeprägten Priorisierung der Reduktion von CO_2-Emissionen gegenüber anderen gesellschaftlichen Aufgaben.

Ein beträchtlicher Teil der FK-Delegationsmitglieder hält die Reduktion der CO_2-Emissionen für ein gerechtfertigtes Ziel, wenngleich auf marktwirtschaftlichem Weg wie zum Beispiel mittels Emissionshandel. Er akzeptiert eine gestaltende Rolle des Staates mit marktwirtschaftlichen Werkzeugen, lehnt jedoch Subventionen und technologiespezifische Verbote ab.

Ein Teil der Freiheitlich-Konservativen spricht sich dafür aus, weniger Mittel für die Reduktion der CO_2-Emissionen einzusetzen und stattdessen mehr Mittel für die Anpassung an den Klimawandel sowie in Bildung und Infrastruktur zu investieren. Auf dem Gebiet der Energieversorgung sehen die Freiheitlich-Konservativen in der Regel keinen naturgegebenen Mehrwert einer dezentralen Energieversorgung gegenüber einer zentralisierten.

Lässt sich zwischen den beiden Kerninteressen »starker Staat schafft Klimaneutralität« und »wettbewerbsfähige Energieversorgung dank Marktwirtschaft« eine Brücke bauen? Ich bin der Auffassung, dass hierfür zwei separate Brücken notwendig sind – eine fürs Klima und eine für die Energie.

5.2 Die Brücke zum Klimafrieden: Trennung von Klima und Staat

Der entscheidende Schritt zum Klimafrieden könnte für beide Verhandlungsparteien in der Erkenntnis bestehen, dass staatlich gelenkte »große Transformationen« in der jüngeren Geschichte ihre Ziele nie erreichten und dass sich Klimavisionen allenfalls auf dem Wege einer Trennung von Klima und Staat erfüllen.

Angekündigte Revolutionen scheitern

Als Beleg für die erste These blicken wir kurz auf die Geschichte des Sozialismus. Im Jahr 1848 veröffentlichten Karl Marx und Friedrich Engels ihr Manifest der Kommunistischen Partei. In dieser Schrift werden die sozialen Ungleichheiten während der industriellen Revolution beschrieben und der Klassenkampf zwischen Proletariat und Bourgeoisie als Triebkraft für den gesellschaftlichen Fortschritt postuliert.

Als Lösung des Grundwiderspruchs des Kapitalismus – nach Meinung von Marx und Engels zwischen dem gesellschaftlichem Charakter der Produktion und der privaten Aneignung von Gewinnen – wurde die Enteignung der Kapitalisten und die Errichtung einer Diktatur des Proletariats gefordert. In deren Ergebnis wurde den Arbeitern und Bauern mit dem Sozialismus die Beseitigung sozialer Ungerechtigkeit und mit dem Kommunismus das Arbeiter- und Bauernparadies auf Erden versprochen.

Am 7. November 1917 setzte Wladimir Iljitsch Lenin mit der »Großen Sozialistischen Oktoberrevolution« den Marxismus-Leninismus ins Werk. 72 Jahre und weltweit knapp 100 Millionen Todesopfer später stellte sich die schmerzhafte Erkenntnis ein, dass Unternehmer, Marktwirtschaft und Kapitalismus Wohlstand erzeugt haben, der in der sozialistischen Planwirtschaft unerreichbar war. Das Beispiel zeigt, dass große gesellschaftliche Herausforderungen nicht durch staatliche Zwangsmaßnahmen wie die »Oktoberrevolution« oder den chinesischen »Großen Sprung nach vorn« gelöst werden, verhängt von Parteifunktionären und Regierungsbeamten. Große Herausforderungen lassen sich nur in Freiheit und Eigenverantwortung lösen.

Ungeachtet der Tatsache, dass die Pseudowissenschaft des Marxismus-Leninismus nicht mit den gesicherten Erkenntnissen der Klimaforschung gleichgesetzt werden kann, wird deutlich, dass gesellschaftlich wünschenswerte Ziele – in einem

Fall Wohlstand und im anderen Fall Klimaneutralität – nicht mit Zwang erreichbar sind. Aus dieser Beobachtung kann die Schlussfolgerung abgeleitet werden, dass eine Reduktion der weltweiten CO_2-Emissionen nur auf der Grundlage privater Initiative Erfolg verspricht. Dieser Erfolg kann sich einstellen, wenn der Klimaschutz aus den Händen des Staates in die Hände von Bürgern und Unternehmern übergeht – durch die Trennung von Klima und Staat.

Hierzu könnten sich die Verhandlungsdelegationen des Energiegipfels darauf einigen, dass zeitgleich zwei Maßnahmen ergriffen werden: Zum einen schafft der Staat auf einen Schlag alle Gesetze und Verordnungen ab, die mit der Verringerung von CO_2-Emissionen in Zusammenhang stehen und landläufig als Klimapolitik gelten.

Gleichzeitig gründet der klimapolitisch interessierte Teil der Bürger und Unternehmer eine Organisation, die sich auf privatwirtschaftlicher Grundlage dem Ziel der Eindämmung von CO_2-Emissionen verschreibt. Als Arbeitstitel schlage ich für die Organisation den Namen Allgemeiner Deutscher Klimaclub (ADKC) vor.

Schauen wir uns die beiden Maßnahmen etwas genauer an.

Die Entlastung des Staates

Die Abschaffung von Gesetzen und Verordnungen über CO_2-Emissionen würde zum Beispiel bedeuten, das Erneuerbare-Energien-Gesetz und das Heizgesetz umgehend, vollständig und ersatzlos abzuschaffen.

Weiterhin müsste Deutschland die CO_2-Besteuerung von Waren und Dienstleistungen wie beispielsweise bei Benzin und Diesel beenden und den CO_2-Zertifikatehandel der EU sowie die EU-Taxonomie von Energietechnologien verlassen. Gleichzeitig müssten Kaufprämien, Steuervorteile und steuerfinanzierte Förderprogramme für Elektroautos oder Elektrobusse gestrichen werden.

Was auf den ersten Blick wie eine Vereinbarung zu Lasten der ÖS-Fraktion aussieht, erweist sich bei näherem Hinsehen auch für die überwiegend kernenergiefreundliche FK-Fraktion als Zumutung. Denn die Trennung von Klima und Staat macht alle klimapolitischen Argumente der FK-Fraktion zugunsten eines staatlich orchestrierten Wiedereinstiegs in die Kernenergie gegenstandslos. Unter diesem Teil des Friedensplanes gäbe es nämlich für den Staat keine klimapolitische Handhabe, neue Kernkraftwerke zu bauen, weil das dafürsprechende Argument – die Verminderung der CO_2-Emissionen – nicht mehr in den Bereich staatlicher Betätigung fällt.

Ein zweites linderndes Argument zugunsten der ÖS-Gruppe lautet, dass die Gesetze zwar abgeschafft würden. Gleichwohl könnten sämtliche angestrebten Wirkungen der Gesetze ebenso gut durch den ADKC ermöglicht werden. Lediglich die handelnden Subjekte hätten sich geändert – statt des Staates würde der ADKC das Heft in der Hand haben.

Mit dem Rückzug des Staates aus der Klimapolitik könnte der ADKC die nationalen Aufgaben zur CO_2-Emissionsminderung vollumfänglich und eigenverantwortlich übernehmen. Bürger und Unternehmen, die sich für eine ambitionierte Klimapolitik aussprechen, bündeln ihre Interessen zur Minderung der CO_2-Emissionen im ADKC in einer ähnlichen Weise, wie die Mitglieder des Deutschen Alpenvereins ihre Interessen am Wandern und Klettern oder die Mitglieder der katholischen Kirche ihre Interessen an Spiritualität und Wohltätigkeit.

Die Mitglieder des ADKC zahlen regelmäßig Beiträge aus ihren laufenden Einkünften und spenden gegebenenfalls zusätzlich aus ihrem Privatvermögen. Dies erstreckt sich gleichermaßen auf persönliche wie auf institutionelle Mitglieder – Firmen, Stiftungen, Vereine und Glaubensgemeinschaften.

Durch die Verlagerung der Klimaschutzaktivität von der Gemeinschaft der Steuerzahler auf die Gruppe williger Bürger könnte der klimainteressierte Teil der Bevölkerung nachwei-

sen, dass er die Welt nicht mit fremdem, sondern mit eigenem
Geld rettet. Der ADKC würde in der Öffentlichkeit durch ei-
nen Präsidenten vertreten, dessen persönliche Integrität und
Überzeugungskraft für den Erfolg entscheidend wäre.

Projekte des ADKC: Effizienz durch Eigenverantwortung

Aus den eingesammelten Mitteln könnte der ADKC eine
Vielzahl an CO_2-Minderungsmaßnahmen finanzieren, die
heute gegen den Willen vieler Bürger aus der Staatskasse bezahlt werden. So kann der ADKC beispielsweise die Installation von Solaranlagen, Windkraftanlagen, Balkonkraftwer-
ken, ja sogar von Anlagen zur Herstellung synthetischer
Brennstoffe finanzieren. Ein konkretes Beispiel möge dies
verdeutlichen.

Am Flughafen Frankfurt werden pro Tag etwa 15 Millionen Liter Kerosin vertankt. Das sind etwas mehr als
10 000 Tonnen. Will man diese Menge durch klimaneutrales
synthetisches Kerosin ersetzen, so benötigt man für dessen
Herstellung große Mengen an grünem Wasserstoff. Dazu
müsste irgendwo auf der Welt CO_2-neutraler Strom mit einer Durchschnittsleistung von etwa 10 Gigawatt bereitgestellt werden. Das sind entweder 10 Kernkraftwerke oder
10 000 Windkraftanlagen.

Für die Dekarbonisierung des Flughafens Frankfurt könnte der ADKC eine spezielle Projektgruppe gründen. Diese
baut an einem oder mehreren Standorten weltweit die entsprechende Kapazität an Solarkraftwerken oder Windfar-
men oder Kernkraftwerken auf und errichtet Synthesean-
lagen mit einer Gesamtkapazität von rund 400 000 Tonnen
pro Jahr.

Dem ADKC stünde es frei, je nach Interessenlage seiner
Mitglieder in beliebige Formen CO_2-freier Energie zu investieren. Der ADKC könnte etwa eine Solarfarm in Namibia,
eine Windfarm in Chile und ein Kernkraftwerk in Finnland

bauen lassen. Die Investitionskosten für zehn Kernkraftwerke würden sich – pessimistisch mit 10 000 Euro pro Kilowatt gerechnet – auf einen Betrag in der Größenordnung von 100 Milliarden Euro belaufen, die der ADKC aus seinen Geldern mobilisieren müsste.

Der ADKC könnte dann dem Flughafen Frankfurt sein synthetisches Kerosin zum gleichen Preis wie fossiles Kerosin verkaufen und die Preisdifferenz aus eigener Tasche schultern. Alternativ könnte der ADKC mit den Fluggesellschaften eine Vereinbarung aushandeln, nach der Passagiere freiwillig die Zusatzkosten für das klimaneutrale synthetische Kerosin bezahlen.

Die Mitglieder des ADKC könnten sich weiterhin zum Verzicht auf Fleischkonsum, Flugreisen und SUV verpflichten, wie sie das heute für die gesamte Bevölkerung fordern. Sie könnten ihre Häuser und Autos mit einer Kombination aus großen Solaranlagen und Energiespeichern betreiben. Wenn sie dies aus eigenem oder ADKC-Geld finanzieren, würden sie vermutlich sehr genau darauf achten, Maßnahmen mit minimalen CO_2-Vermeidungskosten anzupacken.

Die Aufgabe des ADKC muss nicht auf die Finanzierung von Projekten zur Minderung der CO_2-Emissionen beschränkt sein. Die Organisation könnte die deutschen Aktivitäten zur CO_2-Reduktion in internationalen Gremien vertreten und sich entsprechende Minderungsziele setzen. Sie könnte Beratungsstellen für interessierte Bürger und Unternehmen einrichten, Nachhaltigkeitsmanager finanzieren und sozial schwachen Mitgliedern der Gesellschaft Wärmepumpen und Elektroautos schenken.

An dieser Stelle stellen sich folgende Fragen: Ist der ADKC eigentlich in der Lage, die für eine ambitionierte Minderung der deutschen CO_2-Emissionen nötigen Mittel aufzutreiben? Ist es nicht ungerecht, dass nur ein Teil der Bevölkerung – die ADKC-Mitglieder – die Last der Emissionsminderung allein schultert, während der »untätige« Teil von den ADKC-

Aktivitäten profitiert, ohne dafür zu bezahlen? Wie soll der
ADKC eine kontinuierliche und effiziente Arbeit sicherstellen und wer trägt die Verantwortung?

Reicht das Geld?

Die Zahlungsbereitschaft des klimabewussten Teils der Bevölkerung ist mit Unsicherheit behaftet. Dennoch ist es meines Erachtens möglich, die Höhe der mobilisierbaren Geld-
mittel abzuschätzen. Nehmen wir an, von den reichlich
80 Millionen Einwohnern Deutschlands würde sich ein Viertel
zu dem Kreis rechnen, für den Klimaschutz eine hochwichtige
gesellschaftliche Aufgabe darstellt.

Würde jeder dieser etwa 20 Millionen Einwohner pro Jahr
1000 Euro an Mitgliedsbeiträgen in den ADKC zahlen, so ergäbe schon allein diese Geldquelle jährliche Einnahmen in
Höhe von 20 Milliarden Euro – genug, um beispielsweise die
EEG-Umlage für die gesamte Nation zu finanzieren.

Würden die 20 Millionen Einwohner im Rahmen einer etwas optimistischeren Schätzung hingegen jedes Jahr in An-
lehnung an den historischen *Kirchenzehnt* zehn Prozent des
deutschen Bruttosozialprodukts von 40 000 Euro pro Kopf
und somit 4000 Euro pro Mitglied an den ADKC überweisen,
könnte die Organisation auf auskömmliche Ressourcen in
Höhe von jährlich 80 Milliarden Euro zugreifen.

Überdies verfügen die privaten Haushalte in Deutschland
über ein Geldvermögen von etwa sieben Billionen (sieben-
tausend Milliarden) Euro, welches sich zusammen mit Anlage-
vermögen zu rund zehn Billionen *Euro summiert*[135]. Das ist der
gleiche Betrag wie die Investitionen, die nach meiner Schätzung[136] für ein klimaneutrales Deutschland nötig wären. Würde
ein Viertel der Bevölkerung sein Privatvermögen dem ADKC
vermachen, um die Welt vor dem Klimawandel zu bewahren,
kämen zu den jährlich 20 Milliarden Euro immerhin einmalig
2,5 Billionen Euro hinzu.

Dass es sich bei diesen Beträgen keineswegs um Utopien handelt, verrät ein Blick in andere nicht-staatlich organisierte Bereiche unseres Gesellschaft. Die katholische Kirche hat 20 Millionen Mitglieder – die gleiche Zahl wie die oben angenommene Zahl klimabewusster Mitglieder des ADKC. Die Mitgliedszahl der evangelischen Kirche ist etwas geringer, liegt jedoch ebenfalls in der Größenordnung von 20 Millionen. Beide Kirchen nehmen jedes Jahr zusammen etwa 13 Milliarden Euro an Kirchensteuer[137,138] ein. Dabei sind die staatlichen Unterstützungsleistungen[139] in Höhe von 500 Millionen Euro nicht mit eingerechnet.

Es würde den Kirchen Deutschlands selbstverständlich freistehen, institutionelles Mitglied im ADKC zu werden und beispielsweise die Hälfte ihrer Jahresbeiträge an den Verein zu überweisen – immerhin jedes Jahr sechs Milliarden Euro. Mit diesen Mitteln könnte der ADKC zum Beispiel jedes Jahr 100 000 Elektroautos zum Listenpreis von 60 000 Euro an bedürftige Menschen verschenken.

Die katholische Kirche besitzt überdies ein geschätztes Vermögen von mehr als 200 Milliarden Euro. Würde sie die Hälfte davon dem ADKC übereignen, so ließe sich davon ein großer Teil der oben zitierten Energieinfrastruktur für die klimaneutrale Treibstoffversorgung des Frankfurter Flughafens finanzieren.

Nicht nur Kirchen und Religionsgemeinschaften verfügen über beträchtliche Mittel. Der Allgemeine Deutsche Automobilclub ADAC nimmt jedes Jahr etwas weniger als eine Milliarde Euro an Mitgliedsbeiträgen[140] ein. Weiterhin geben die Deutschen pro Jahr ungefähr 90 Milliarden Euro für Urlaubsreisen aus. Würde ein Viertel der Reisefreudigen zugunsten des Klimas Urlaub auf Balkonien machen und das gesparte Geld dem ADKC zur Verfügung stellen, stünden auf einen Schlag zusätzlich 22 Milliarden Euro für die CO_2-Minderung zur Verfügung. Weitere Beispiele dafür, dass sich auch international ohne Regierungsbeteiligung große Beträge mobilisieren lassen, sind die internationale Fußballorganisation FIFA sowie das internationale olympische Komitee IOC.

Zusammenfassend lässt sich zum Thema Finanzierbarkeit sagen, dass sich bei entsprechender Überzeugungsarbeit jährlich zweistellige Milliardenbeträge auftreiben lassen. Die Verlagerung des CO_2-Managements vom Staat auf den ADKC hätte nicht zuletzt eine heilsame Wirkung auf die Qualität öffentlicher Debatten.

Im Unterschied zu Politikern und Klimaaktivisten müsste der Vorstand des ADKC etwas umsichtiger bei der Auswahl seiner Werbebotschaften an potenzielle Mitglieder aus der Bevölkerung sein. Ein ADKC-Präsident würde vermutlich zwei Mal überlegen, ob er potenzielle Beitragszahler als »Umweltsau« tituliert.

Ist das nicht sozial ungerecht?

Damit kommen wir zur Frage, die vermutlich aus den Reihen der ÖS-Verhandlungsdelegation kommen würde: Ist es nicht sozial ungerecht, wenn ein kleiner Teil der Bevölkerung CO_2-Minderungsaktivitäten finanziert, die der gesamten Bevölkerung zugutekommen?

Die FK-Delegation würde vermutlich entgegnen, dass es sich dabei um kein neues Problem handele. So zahlen beispielsweise die oberen zehn Prozent in der Einkommenspyramide pflichtgemäß mehr als zwei Drittel der Einkommensteuer und finanzieren somit den Sozialstaat überproportional. Warum sollte nicht das Gleiche für CO_2-Minderung gelten, zumal die Zahlungen an den ADKC ja freiwillig sind?

Die Delegationsmitglieder würden darüber hinaus auf die Risiken der ADKC-Projekte verweisen. Deutschlands CO_2-Emissionen nehmen einen Anteil von weniger als zwei Prozent der weltweiten Emissionen ein. Die Wirksamkeit des ADKC-Projekte steht somit unter dem Risiko, ob der Rest der Welt die gleichen Minderungsanstrengungen unternimmt.

Vor dem Hintergrund dieses Risikos würden die FK-Mitglieder die Finanzierung der Tätigkeit des ADKC aus Steuergeldern nicht befürworten.

Personalisierte Verantwortung

Kommen wir zur dritten Frage: Wie soll der ADKC seine Arbeit effizient organisieren und wer trägt die Verantwortung? Da der ADKC keine Partei ist, muss er seine Repräsentanten nicht nach demokratischen Mechanismen vom ganzen Volk bestimmen lassen. Stattdessen können die ADKC-Oberen in der Mitgliederversammlung gewählt werden.

Auch liegt es im Rahmen der Möglichkeiten des ADKC, Instrumente der direkten Demokratie – analog zu Volksabstimmungen in der Schweiz – einzusetzen. Während Politiker nach Ablauf ihrer Legislaturperiode in der Regel kaum für Fehlentscheidungen zur Rechenschaft gezogen werden können, wie zum Beispiel die öffentliche Debatte zur Coronapandemie zeigt, kann der ADKC seine Haftungsbestimmungen selbst formulieren und sein Führungspersonal für Fehlentscheidungen zur Rechenschaft ziehen.

Außerdem haben die Mitarbeiter und Führungskräfte des ADKC ein hohes Eigeninteresse an wirksamen Klimaschutzprojekten mit einem guten Kosten-Nutzen-Verhältnis zu organisieren.

Während der Staat weiterhin Grundlagenforschung in allen Bereichen der Energie fördern kann, wird Anwendungsforschung zur CO_2-Emissionsminderung sowie die Technologiedemonstration von der Klimastiftung ADKC und Unternehmen statt vom Steuerzahler finanziert.

Die Trennung von Klima und Staat würde die Perspektive einer Befriedung der gegenwärtigen gesellschaftlichen Spaltung um den Klimaschutz eröffnen. Sie würde jedoch noch nicht das Gesamtproblem lösen. Hierzu müssen wir noch die Energie betrachten.

5.3 Die Brücke zum Energiefrieden: Defensive Energiepolitik

Nachdem die Verhandlungen des Energiegipfels über die Klimapolitik abgeschlossen sind, würden sich die Verhandlungsparteien der Energie zuwenden. Obwohl mit einer Einigung über das CO_2 ein Teil der Kontroverse verschwindet, bleiben bei der Energie einige konträre Vorstellungen zu überwinden.

Wir hatten angenommen, dass in den Verhandlungsdelegationen des Energiegipfels keine Fundamentalisten sitzen, also solche, die auf FK-Seite das libertäre Weltbild (»keine Energiepolitik«) und auf ÖS-Seite das sozialistische Weltbild (»verstaatlichte Energieversorgung«) verkörpern. Um den Verhandlungsspielraum jedoch noch einmal in seiner vollen Breite zu visualisieren, geben wir je einem externen Fundamentalisten der beiden Strömungen die Gelegenheit für einen letzten Zwischenruf von der Seitenlinie.

Der ÖS-Fundamentalist würde vermutlich eine finale Lanze für die Verstaatlichung des gesamten Energiesektors brechen: »Als die Deutsche Bundesbahn noch Staatsbetrieb war und von Bahnbeamten getragen wurde, konnte man die Uhr nach den Zügen stellen und es gab keine Streiks. Nach der Privatisierung wurde die Bahn hingegen kaputtgespart und befindet sich deshalb in einem desolaten Zustand. Wenn wir ein zuverlässiges Energiesystem wollen, führt an einer Verstaatlichung der gesamten Energieversorgung kein Weg vorbei.«

Der FK-Fundamentalist würde augenzwinkernd mit einer letzten Frage entgegnen: »Wie ist das Wunder zu erklären, dass die Versorgung Deutschlands mit Dresdner Christstollen, Thüringer Bratwürsten und Schwäbischen Maultaschen seit Menschengedenken reibungslos funktioniert?

Die Ursache liegt schlicht darin, dass die Versorgung nicht vom Staat, sondern von Unternehmern organisiert wird. Würde morgen das Bundesministerium für Christstollen, Bratwürste und Maultaschen BMCBM gegründet, so hätten wir übermorgen die Stollenkrise, den Bratwurstkollaps und die Maultaschenkatastrophe.«

Nach diesen Zwischenrufen von den Rändern des politischen Spektrums, die für die weiteren Verhandlungen unberücksichtigt bleiben sollen, machen sich die Verhandlungsparteien nun an ihre letzte Arbeitsaufgabe.

In eigener Sache

Das gleich folgende Verhandlungsergebnis des Energiegipfels stellt meine Hypothese darüber dar, auf welche energiepolitischen Maßnahmen sich die beiden Delegationen im Laufe ihrer Arbeit einigen würden. Es spiegelt somit nicht notwendigerweise meine eigenen Politikvorstellungen wider.

Damit Sie, liebe Leserinnen und Leser, zwischen vermutetem Verhandlungsergebnis und subjektiver Autorenposition differenzieren können, möchte ich kurz meine eigene Stellung zu dieser Frage skizzieren.

Ich vertrete die Auffassung, dass sich der Staat auf dem Gebiet der Energiepolitik im Wesentlichen auf Antimonopolgesetze und Emissionsschutz konzentrieren sollte, so wie wir es bereits in Kapitel 3 bei der Beschreibung des hypothetischen Minimalstaats erörtert hatten.

Zusätzlich könnte ich mir noch vorstellen, dass der Staat im Rahmen seiner regulären Außen- und Handelspolitik die Anbahnung und den Abschluss von Lieferverträgen für Energieträger und Energiematerialien in einer ähnlichen Weise flankiert, wie er es in den 1970er-Jahren bei den deutsch-sowjetischen Gaslieferverträgen aus Abschnitt 2.5 getan hat.

Weitergehende Aktivitäten würde ich erst dann in Erwägung ziehen, wenn der Staat seine konstitutiven Pflichten Landesverteidigung, innere Sicherheit und Schuldenfreiheit zur vollen Zufriedenheit aller Bürger erfüllt hat.

Schlussendlich sei der guten Form halber noch offengelegt,
dass ich mich auf Grund meiner Tätigkeit im öffentlich finanzierten Bildungs- und Wissenschaftssystem beim Thema Forschungsförderung in einem Interessenskonflikt befinde und
mich mit einer Bewertung dieses Themas im Rahmen staatlicher Energiepolitik – zumindest im Zusammenhang mit diesem Energiegipfel – zurückhalte.

Rangliste energiepolitischer Maßnahmen

Da sich beide Verhandlungsparteien vermutlich darin einig
sind, dass die Energieversorgung in bedeutenden Teilen
Staatsaufgabe ist, steht der Energiegipfel nun vor der Herausforderung, einvernehmlich politische Maßnahmen zu identifizieren, die die Bürger dem Staat anvertrauen.

Zur Systematisierung der Auswahl habe ich in Tabelle 17
zehn denkbare Betätigungsfelder des Staates auf dem Gebiet
der Energiepolitik aufgelistet. Für den Energiefrieden werden
die Maßnahmen unabhängig von der Thematik der CO_2-Emis-
sion betrachtet, die mit dem Klimafrieden bereits abgearbei-
tet ist. Die Maßnahmen in Tabelle 17 sind in der Reihenfolge
wachsenden Schweregrads des staatlichen Eingriffs geordnet.
Die Rangfolge wurde durch die KI-Software ChatGPT gegen-
gecheckt.

Die Unterschiede zwischen meiner anfänglichen Einschätzung und dem KI-Resultat erwiesen sich als minimal. An den
Rändern der Rangliste gab es zwischen meiner Einschätzung
und der KI keine Unterschiede. Lediglich im Übergangsbereich
zwischen 4 und 6 existierten geringfügige Abweichungen.
Schauen wir uns die möglichen Maßnahmen zunächst etwas
genauer an.

Die vermutlich mildeste und preiswerteste politische Maßnahme für eine sichere Energieversorgung ist die staatliche
Unterstützung von Unternehmen beim Abschluss von Koope-
rations- und Lieferverträgen für die Energierohstoffe Kohle,

17 Rangfolge verschiedener energiepolitischer Maßnahmen geordnet nach der Intensität der staatlichen Eingriffe

1. Außenpolitische Unterstützung bei Lieferverträgen für Energieträger und Energiematerialien
2. Technologieoffene Förderung der Energieforschung
3. Bau von Demonstrationsanlagen für innovative Energietechnologien
4. Kreditbürgschaften und Investitionen in Energieinfrastrukturen
5. Haftungsübernahme für kritische Energieinfrastrukturen jenseits der Eigenversicherung
6. Energiesteuern mit Lenkungswirkung
7. Technologiespezifische Effizienzrichtlinien
8. Technologiespezifische Subventionen
9. Technologiespezifische Verbote
10. Verstaatlichung von Energieinfrastruktur

Die weißen Felder 1–5 werden als defensive Energiepolitik, die grauen Felder 6–10 als offensive Energiepolitik bezeichnet.

Gas, Öl und Uran sowie für Energiematerialien wie Lithium und Kobalt für Batterien oder Seltene Erden für Permanentmagnete in Windgeneratoren.

In Abschnitt 2.6 hatten wir bereits die Flankierung deutsch-sowjetischer Verhandlungen zu den Gasgeschäften durch die Bundesregierung besprochen. Dieses Beispiel hat gezeigt, dass solche Hilfestellungen des Staates mit geringem finanziellem und organisatorischem Aufwand wirksame Beiträge zur Energiesicherheit leisten können. Sofern sich die Parteien des Energiegipfels auf diese Maßnahme einigen, müssten sie verabreden, dass sich die staatliche Unterstützung technologieoffen auf alle relevanten Materialien erstreckt – auch wenn ihre Anwendung umstritten sein mag, wie bei Uran für Kernkraftwerke und Lithium für Elektroautos.

Eine etwas teurere Maßnahme, die über den Minimalstaat hinausgeht, ist die Forschungsförderung auf dem Gebiet der Energietechnik. Sie wurde bereits im Abschnitt 2.1. zum Atomeinstieg mit der Gründung der beiden Kernforschungszentren Karlsruhe und Jülich und im Abschnitt 2.4 im Zusammenhang mit dem Aufbau neuer Forschungsinstitute im Zuge des Kohleausstiegs beschrieben.

Falls der Energiegipfel Forschungsförderung in seinen Instrumentenkasten aufnimmt, müsste er sicherstellen, dass er sich auf alle international relevanten Technologien erstreckt. Hierzu müsste einerseits eines der beiden ehemaligen Kernforschungszentren Jülich und Karlsruhe auf seinen ursprünglichen Zweck zurückgeführt werden. Andererseits könnte der Staat ein nationales Großforschungszentrum für erneuerbare Energie, analog dem National Renewable Energy Laboratory NREL, einrichten.

Darüber hinaus wären Forschungsarbeiten auf den Gebieten Lagerung von Kohlendioxid (carbon capture and storage, CCS), Geothermie, Bioenergie, synthetische Brennstoffe inclusive Wasserstoff und Kernfusion zu fördern. Als Leitbild könnte der Zuschnitt öffentlicher Energieforschungseinrichtungen in den USA und China dienen, die alle genannten Technologien umfassen.

Auf Rang 3 könnten die Gipfelteilnehmer die staatliche Finanzierung des Baus von Demonstrationsanlagen setzen, wie sie bereits mit dem Kugelhaufenreaktor AVR in Abschnitt 2.1 beschrieben wurde und wie sie heute mit Elektrolyseanlagen, Brennstofffabriken und dem Fusionsreaktor Wendelstein in Greifswald existieren. Sofern sich die Verhandlungsgruppen auf die staatliche Finanzierung von Demonstrationsanlagen verständigen, müsste darauf geachtet werden, dass die Anlagen alle relevanten Technologiefelder – einschließlich Wind, Sonne und Kernenergie – umfassen und nicht durch großskalige Strom- oder Treibstoffproduktion in den Markt eingreifen.

Mit Rangfolge 4 werden in Tabelle 17 Kreditbürgschaften genannt. Diese hatten wir bereits in Abschnitt 2.5 im Zusammenhang mit der Absicherung der deutsch-sowjetischen Erdgas-Röhren-Geschäfte beschrieben. Sofern diese als Instrument in den Friedensplan aufgenommen werden, müsste auch hier darauf geachtet werden, diese in voller technologischer Breite – einschließlich Wind-, Solar- und Kernenergie – aufzustellen.

Auf Platz 5 der Rangliste steht die Übernahme von Haftungsrisiken und Ewigkeitskosten durch den Staat. Hierunter fällt nicht nur die Beseitigung von Schäden durch Unfälle von Kernkraftwerken, die über die Eigenversicherung der Kraftwerksbetreiber hinausgehen. Hierzu gehören auch potenzielle Schäden durch den Bruch von Staudämmen von Wasserkraftwerken und Pumpspeicherwerken sowie gesellschaftliche Kosten durch Schäden aus unsachgemäßer Entsorgung von Windkraftrotoren, Fundamenten und Solaranlagen.

Letzteres ist nicht ganz so abwegig, wie es klingt. Jüngste Berichte[141] über die Erhebung alter Windkraftanlagen in den Stand technischer Denkmäler, mutmaßlich zwecks Vermeidung von Entsorgungskosten, verdeutlichen die wachsende Aktualität des Problems. Sofern sich die Verhandlungsdelegationen auf die Aufnahme dieses Instruments in den Werkzeugkasten einigen, müssten sie dies entweder für keine oder für alle Energietechnologien tun.

Aus Gründen, die sich gleich erschließen werden, sollen die verbleibenden Maßnahmen 6–10 etwas kürzer abgehandelt werden. Unter Energiesteuern mit Lenkungswirkung auf

Rang 6 ist zum Beispiel zu verstehen, dass die Energiesteuern (im Volksmund »Mineralölsteuer«) für Benzin, Diesel, Kerosin und Heizöl pro Kilogramm oder pro Kilowattstunde sehr unterschiedlich sind. Die Lenkungswirkung besteht darin, dass etwa Heizöl niedriger besteuert wird als Benzin und Diesel, um Hausbesitzer finanziell zu schonen.

Technologiespezifische Effizienzrichtlinien auf Rang 7 umfassen beispielsweise Gebäudeenergiegesetze, die die Hausbauer zur Dämmung verpflichten. In diese Kategorie gehören auch die zahlreichen Vorschriften für Haushaltsgeräte, die in Tabelle 5 illustriert wurden.

Unter technologiespezifischen Subventionen auf Rang 8 sind das EEG sowie die Subvention von Elektroautos zu verstehen. Ihre angestrebte Lenkungswirkung zeichnet sich dadurch aus, dass bestimmte Technologien durch finanzielle Förderung bessergestellt werden als andere.

Die technologiespezifischen Verbote von Verbrennungsmotor und Ölheizung als Beispiele für Maßnahmen auf Rang 9 wurden bereits in den Abschnitten 2.8 und 4.8 ausführlich diskutiert. Die auf Rang 10 befindliche Verstaatlichung von Energieinfrastruktur ist selbsterklärend.

Für welche der genannten zehn Maßnahmen würden sich die Verhandlungsdelegationen einvernehmlich entscheiden? Wo würden die Teilnehmer die Trennlinie ziehen?

Defensive versus offensive Energiepolitik

Für einen erfolgreichen Friedensschluss halte ich nach Abwägung aller Positionen beider Verhandlungsparteien eine Einigung für am wahrscheinlichsten, wenn die Trennlinie zwischen Rang 5 und Rang 6 verläuft. Die Maßnahmen 1–5 werden deshalb in den Instrumentenkasten eines hypothetischen Energiefriedens aufgenommen. Die Maßnahmen 6–10 werden ausgeschlossen. Ich habe die Trennlinie danach definiert, ob eine Maßnahme die Bevölkerung »nur« gegenüber externen Risiken der Energieversorgung schützt oder ob sie aktiv in den Energiemarkt und in die Freiheit der Bevölkerung eingreift.

So gehört die politische Unterstützung bei der Verhandlung von Energielieferverträgen eindeutig zur ersten, die Verstaatlichung der Energieinfrastruktur auf Grund schwerwiegender Eingriffe in Eigentumsrechte zur zweiten Kategorie. Ich bezeichne deshalb die Maßnahmen 1–5 als *defensive* Energiepolitik und die Maßnahmen 6–10 als *offensive* Energiepolitik.

Der Friedensschluss

Nach meiner Auffassung liegt es im Bereich des Möglichen, dass sich die beiden Delegationen entlang der Maßnahmenrangfolge von unten nach oben vorarbeiten. Je weiter sie in der Skala von 1 in Richtung 10 aufrücken, desto stärker dürften die inneren Spannungen hinsichtlich Solar- und Windenergie einerseits und Kernenergie andererseits werden.

Ich vermute, ein für beide Parteien konsensfähiger Friedensplan für die Energiepolitik würde am ehesten darin bestehen, sich auf defensive Energiepolitik zu konzentrieren, also auf die Maßnahmen 1–5. Dies würde eine Abkehr von Energiesteuern, Effizienzrichtlinien, Subventionen, Verboten und Verstaatlichungen bedeuten. Im Vergleich zum Minimalstaat würden jedoch die außenpolitische Unterstützung bei Energieverträgen, die technologieoffene Förderung der Energieforschung, der Bau von Demonstrationsanlagen, Kreditbürgschaften und Haftungsübernahmen verbleiben. An dieser Stelle sei noch einmal betont, dass dieser Kompromiss meine Vermutung über ein mögliches Verhandlungsergebnis darstellt, jedoch – wie bereits beschrieben – hinsichtlich des Umfangs staatlicher Betätigung deutlich über meinen eigenen Lösungsvorschlag hinausgeht.

Ob der vorgeschlagene Klima- und Energiefrieden realistisch ist, wird sich hoffentlich nicht erst nach 30 Jahren gesellschaftlicher Spaltung und Auseinandersetzung zeigen. Um zu vermeiden, dass sich der Kampf um Energie und Klima weiter verschärft, sollten wir Ciceros zeitlose Weisheit im Blick behalten:

»Equidem pacem hortari non desino; quae vel iniusta utilior est quam iustissimum *bellum cum civibus*.«

»Ich rate unausgesetzt zum Frieden, selbst ein ungerechter ist immer noch besser als jeder noch so gerechte *Krieg gegen Mitbürger*.«

Dank

Ich danke Sissi Klauser, Michael Fleissner, Christian Raap und Sabine Sternagel vom Langen Müller Verlag für die vertrauensvolle und professionelle Zusammenarbeit.

Anmerkungen

1   Daniel Jütte, Defenestration as Ritual Punishment, The Journal of Modern History, March 2017, Vol. 89, No. 1, S. 1-38, The University of Chicago Press. https://www.jstor.org/stable/26548390

2   https://www.n-tv.de/panorama/Aktivisten-klauen-1000-Autoschluessel-von-VW-article22578076.html

3   https://www.sueddeutsche.de/muenchen/muenchen-klimanotstand-stadtrat-1.4729777

4   https://www.fu-berlin.de/presse/informationen/fup/2019/fup_19_398-klimanotstand/index.html

5   https://www.europarl.europa.eu/news/de/press-room/20191121IPR67110/europaisches-parlament-ruft-klimanotstand-aus

6   https://www.klimaschutz-niedersachsen.de/zielgruppen/kommunen/Klimanotstand.php

7   Sabine Hossenfelder, How bad is nuclear waste? https://www.youtube.com/watch?v=a-DUvCLAp0uU

8   Gesetz über die friedliche Verwendung der Kernenergie und den Schutz gegen ihre Gefahren (Atomgesetz), 23. Dezember 1959, Bundesgesetzblatt, Jahrgang 1959, Teil I. https://www.bgbl.de/xaver/bgbl/start.xav#__bgbl__%2F%2F*%5B%40attr_id%3D%27bgbl159s0814.pdf%27%5D__1717148692668

9   https://www.grs.de/de/aktuelles/zur-abschaltung-der-letzten-kkw-deutschland-ein-kurzer-sicherheits-technischer-rueckblick

10 https://www.destatis.de/DE/Presse/Pressemitteilungen/Zahl-der-Woche/2023/PD23_25_p002.html

11 S. Wissel, O. Mayer-Spohn, U. Fahl, A. Voß, CO2-Emissionen der nuklearen Stromerzeugung. Arbeitsbericht, Institut für Energiewirtschaft und Rationelle Energieanwendung der Universität Stuttgart, 2007. https://www.ier.uni-stuttgart.de/publikationen/arbeitsberichte/downloads/Arbeitsbericht_02.pdf

12 https://de.statista.com/statistik/daten/studie/38897/umfrage/co2-emissionsfaktor-fuer-den-strommix-in-deutschland-seit-1990/

13 https://dserver.bundestag.de/btd/14/080/1408084.pdf

14 https://foes.de/publikationen/2020/2020-09_FOES_Kosten_Atomenergie.pdf

15 André D. Thess, Eine Ampel gegen Subventionsschummeleien, Tichys Einblick, 25.12.2023 https://www.tichyseinblick.de/gastbeitrag/dieselprivileg-subventionsschummeleien/

16 https://dserver.bundestag.de/btd/16/100/1610077.pdf

17 Joachim Radkau, Lothar Hahn. »Aufstieg und Fall der deutschen Atomwirtschaft.« oekom verlag, 2013.

18 https://www.bmuv.de/fileadmin/Daten_BMU/Download_PDF/Nukleare_Sicherheit/atomkonsens.pdf

19 https://www.bgbl.de/xaver/bgbl/start.xav#__bgbl__%2F%2F*%5B%40attr_id%3D%27bgbl102s1351.pdf%27%5D__1717154764820

20 https://dserver.bundestag.de/btd/17/030/1703051.pdf

21   https://dserver.bundestag.de/btd/17/030/1703051.pdf
22   https://www.bgbl.de/xaver/bgbl/start.xav#__bgbl__%2F%2F*%5B%40attr_id%3D%27bg-bl111s1704.pdf%27%5D__1717154985991
23   https://dserver.bundestag.de/btd/20/042/2004217.pdf
24   Energiepolitischer Appell, 2010, Druckversion: https://herr-kalt.de/_media/arbeits-methoden/energiepolitischer-appell-energiekonzerne-2010-08.pdf
25   Pressestatement von Bundeskanzlerin Merkel, Bundeswirtschaftsminister Brüderle und Bundesumweltminister Röttgen zur Nutzung der Kernenergie in Deutschland, 22. März 2011: https://web.archive.org/web/20131022053051/http://www.bundes-regierung.de/Content/DE/Mitschrift/Pressekonferenzen/2011/03/2011-03-22-state-ments-kernenergie-in-deutschland.html
26   André Thess, Offener Brief an Matthias Kleiner, 30. Mai 2021, https://www.igte.uni-stuttgart.de/forschung/forschung_es/Offener-Brief/
27   https://www.welt.de/wirtschaft/article231463371/Wegen-Zustimmung-zum-Atomaus-stieg-Vorwuerfe-gegen-Ethikkommission.html
28   https://epetitionen.bundestag.de/content/petitionen/_2022/_07/_26/Petition_136760.html
29   Das Video der Anhörung ist unter https://www.bundestag.de/dokumente/textar-chiv/2022/kw45-pa-petitionen-918016 verfügbar. In offiziellen Petitionsdokument ist von 19 statt von 20 Petenten die Rede, weil ein Unterzeichner auf Grund einer Dienstreise seine Unterschrift nicht form- und fristgerecht einreichen konnte.
30   https://www.cicero.de/innenpolitik/petition-atomkraft-klimaschutz-kernenergie-bundes-tag-stuttgarter-erklarung
31   https://www.bundestag.de/dokumente/textarchiv/2022/kw45-de-atomgesetz-freitag-917474
32   https://weplanet-dach.org/offener-brief-akw/
33   https://daserste.ndr.de/annewill/videos/Deutschland-schaltet-ab-Ist-der-Atom-Aus-stieg-die-richtige-Entscheidung,annewill7908.html
34   https://www.merkur.de/lokales/muenchen/lesch-video-twitter-aussagen-letzte-genera-tion-razzia-demonstration-harald-92303737.html
35   https://www.rbb24.de/politik/beitrag/2023/04/atomenergie-kraftwerke-abschaltung-pro-teste-berlin-demos.htm/listallcomments=on.html
36   https://www.bundesverfassungsgericht.de/SharedDocs/Entscheidungen/DE/1994/10/rs19941011_2bvr063386.html
37   Karl Storchmann, The rise and fall of German hard coal subsidies, Energy Policy vol. 33 (2005) 1469-1493. https://www.sciencedirect.com/science/article/pii/S030142150400014X
38   M. Frondel, R. Kambeck, C. Schmidt, Hard coal subsidies: A never ending story?, Energy Policy, vol. 35 (2007) 3807-3814. https://www.sciencedirect.com/science/article/pii/S0301421507000237
39   https://foes.de/pdf/Kohlesubventionen_1950_2008.pdf
40   https://www.dresden-und-sachsen.de/dresden/frauenkirche_wiederaufbau.htm
41   https://www.wissenschaftsrat.de/download/2022/9470-22.pdf?__blob=publicationFile&v=26
42   Grundsatzbeschluss in Bad Nauheim: 3,5 Milliarden Euro fürs Klima, Frankfurter Neue Presse vom 6. März 2024. https://tinyurl.com/bsbvc4au
43   https://www.bgbl.de/xaver/bgbl/start.xav#__bgbl__%2F%2F*%5B%40attr_id%3D%27bg-bl174s3473.pdf%27%5D__1717702697268
44   https://www.spiegel.de/politik/im-schatten-a-ce63eb92-0002-0001-0000-000041496147
45   https://www.spiegel.de/wirtschaft/wir-brauchen-hilfen-a-3174a567-0002-0001-0000-000040693894
46   https://www.spiegel.de/wirtschaft/ende-der-fahnenstange-a-bd7381 7f-0002-0001-0000-000040616760
47   https://www.spiegel.de/kultur/schmutzig-und-schwierig -a-29219635-0002-0001-0000-000040349400
48   https://www.spiegel.de/wirtschaft/teure-kohle-a-9d62 5d11-0002-0001-0000-000040606197

49   https://www.science.org/doi/epdf/10.1126/science.aad0674
50   https://dserver.bundestag.de/btd/19/173/1917342.pdf
51   Monitoringbericht der Bundesnetzagentur 2017, https://data.bundesnetzagentur.
      de/Bundesnetzagentur/SharedDocs/Mediathek/Monitoringberichte/monitoring-
      bericht2017.pdf
52   https://www.sciencedirect.com/science/article/pii/S0301421524002003
53   https://www.statista.com/statistics/530569/installed-capacity-of-coal-power-plants-in-
      selected-countries/
54   Monitoringbericht der Bundesnetzagentur 2018, https://data.bundesnetzagentur.
      de/Bundesnetzagentur/SharedDocs/Mediathek/Monitoringberichte/monitoringbe-
      richt2018.pdf
55   www.OurWorldinData.org
56   https://ourworldindata.org/grapher/death-rates-from-energy-production-per-twh
57   https://www.nzz.ch/international/wie-china-800-millionen-menschen-aus-der-armut-
      befreit-hat-ld.1662417
58   https://www.pv-magazine.de/2019/04/01/bdew-kritisiert-schleppenden-bau-neuer-co2-
      armer-kraftwerke/
59   https://www.bmwk.de/Redaktion/DE/Downloads/A/abschlussbericht-kommission-
      wachstum-strukturwandel-und-beschaeftigung.html
60   https://www.youtube.com/watch?v=lI1C_q8QOVU
61   https://dserver.bundestag.de/btd/19/173/1917342.pdf
62   https://www.bmwk.de/Redaktion/DE/Textsammlungen/Wirtschaft/strukturstaerkungs-
      gesetz-kohleregionen.html
63   Koalitionsvertrag 2021-2025. https://www.spd.de/fileadmin/Dokumente/Koalitionsver-
      trag/Koalitionsvertrag_2021-2025.pdf
64   https://www.leag.de/de/news/details/vereinbarten-kohleausstiegs-
      pfad-bis-2038-nicht-in-frage-stellen/
65   Manfred Pohl, Geschäft und Politik, Hase & Koehler Verlag, Mainz, 1988
66   Salto am Trapez, Der Spiegel, 8. Februar 1970
67   Salto am Trapez, Spiegel, 8. Februar 1970
68   Washington: Sechs Argumente gegen das Erdgas-Geschäftt, US Politiker befürchtet
      zunehmenden Einfluss Moskaus, Die Welt, 14. November 1981
69   https://www.nord-stream.com/de/presse-info/pressemitteilungen/die-nord-
      stream-pipeline-transportierte-592-milliarden-kubikmeter-erdgas-im-jahr-2021-
      522/#:~:text=Seit%20Inbetriebnahme%20des%20ersten%20Strangs,%2DPipelines%20
      der%20Welt%2C%20geliefert.
70   https://www.bundesregierung.de/breg-de/aktuelles/pressekonferenz-von-bundeskanzler-
      scholz-und-dem-praesidenten-der-vereinigten-staaten-von-amerika-biden-am-7-februar-
      2022-in-washington-2003648
71   Russischer Gasexport nach Deutschland auf Tagesbasis vom 1.1.2022 bis zum 26.2.2024
      https://de.statista.com/statistik/daten/studie/1316029/umfrage/russischer-gasexport-
      nach-deutschland-auf-tagesbasis/
72   Energiesystem Deutschland 2050, Fraunhofer-Institut für Solare Energiesysteme, 2013,
      https://www.ise.fraunhofer.de/content/dam/ise/de/documents/publications/studies/
      Fraunhofer-ISE_Energiesystem-Deutschland-2050.pdf
73   https://tradingeconomics.com/commodity/eu-natural-gas
74   BBC: Europe Gas Prices: How Far is Russia Responsible? https://web.archive.org/
      web/20211019230241/https://www.bbc.com/news/58888451
75   https://www.tagesschau.de/ausland/europa/baerbock-riga-101.html
76   Erneuerbare-Energien-Gesetz, Erstfassung vom 31. März 2000. https://www.clearing-
      stelle-eeg-kwkg.de/sites/default/files/5-EEG_2000_BGBl-I-305.pdf
77   https://www.netztransparenz.de/de-de/Erneuerbare-Energien-und-Umlagen/EEG/
      EEG-Abrechnungen/EEG-Jahresabrechnungen/EEG-Jahresabrechnungen-2022-2000
78   https://www.netztransparenz.de/de-de/Erneuerbare-Energien-und-Umlagen/EEG/

79 Arbeitsgemeinschaft Energiebilanzen, https://ag-energiebilanzen.de/wp-content/uploads/2024/04/STRERZ_Abg_02_2024_korr.pdf EEG-Abrechnungen/EEG-Jahres-abrechnungen/EEG-Jahresabrechnungen-2022-2000

80 https://hans-josef-fell.de/2020/02/25/heute-vor-20-jahren-wurde-im-bundestag-das-erneuerbare-energien-gesetz-beschlossen/

81 Alexander Wendt, Der Grüne Blackout: Warum die Energiewende nicht funktionieren kann. 2014, Create Space Independent Publishing Platform.

82 Daniel H. König, Techno-ökonomische Prozessbewertung der Herstellung synthetischen Flugturbinentreibstoffes aus CO2 und H2, Dissertation, Universität Stuttgart, 2016. https://elib.uni-stuttgart.de/handle/11682/9060, http://dx.doi.org/10.18419/opus-9043

83 Gebäudeenergiegesetz, https://www.gesetze-im-internet.de/geg/index.html

84 https://eur-lex.europa.eu/legal-content/DE/TXT/PDF/?uri=CELEX:32005L0032

85 https://netzwerke.bam.de/Netzwerke/Navigation/DE/Evpg/EVPG-Produkte/evpg-produkte.html

86 https://eur-lex.europa.eu/LexUriServ/LexUriServ.do?uri=COM:2003:0338:FIN:DE:PDF

87 https://eur-lex.europa.eu/LexUriServ/LexUriServ.do?uri=COM:2008:0781:FIN:De:PDF

88 Energieeinsparverordnung 2002, https://www.bbsr-geg.bund.de/GEGPortal/DE/Archiv/EnEV/EnEV2002/Download/EnEV02.pdf;jsessionid=B362BE75DF6BF31F3E4EC-13B5A86908C.live21301?__blob=publicationFile&v=1

89 https://www.watson.ch/international/deutschland/216388353-nach-1-million-zigis-helmut-schmidt-gibt-das-rauchen-auf

90 Robert Nozick »Anarchy, State, and Utopia«, 1974, Basic Books, New York.

91 https://www.bmuv.de/pressemitteilung/erneuerbare-energien-gesetz-tritt-in-kraft

92 Economics of Nuclear Power, World Nuclear Power Association. https://world-nuclear.org/information-library/economic-aspects/economics-of-nuclear-power

93 Matthew Neidell, Shinsuke Uchida, Marcella Versonesi, The unintended effects from halting nuclear power production: Evidence from Fukushima Daiichi accident, Journal of Health Economics, 79 (2021) 102507. https://www.sciencedirect.com/science/article/pii/S0167629621000928

94 Horst-Michael Prasser, Potenziale der Kernenergie, Fachtagung »20 Jahre Energiewende – Wissenschaftler ziehen Bilanz«, Stuttgart 2022, https://www.youtube.com/watch?v=iXu-1AZ9C6Eo

95 Fachtagung »20 Jahre deutsche Energiewende – Wissenschaftler ziehen Bilanz«, Universität Stuttgart, 8.-10. Juli 2022. https://www.youtube.com/@andrethess9518/videos

96 Was Strom wirklich kostet. Forum ökologisch-soziale Marktwirtschaft im Auftrag von Greenpeace Energy, 2015, https://foes.de/publikationen/2015/2015-01-Was-Strom-wirk-lich-kostet-kurz.pdf

97 Der Standort für das Tiefenlager. Der Vorschlag der Nagra, 2022, https://nagra.ch/wp-content/uploads/2022/09/Bericht-zum-Standortvorschlag.pdf

98 Zeitliche Betrachtung des Standortauswahlverfahrens aus Sicht der BGE, Bundesgesell-schaft für Endlagerung, 2022, https://www.bge.de/fileadmin/user_upload/Standort-suche/Wesentliche_Unterlagen/05_-_Meilensteine/Zeitliche_Betrachtung_des_Standort-auswahlverfahrens_2022/20221216_Zeitliche_Betrachtung_StandAW-48_barrierefrei.pdf

99 https://ourworldindata.org/grapher/death-rates-from-energy-production-per-twh

100 pengler, Hannes. Kompensatorische Lohndifferenziale und der Wert eines statistischen Lebens in Deutschland, 2004. https://doku.iab.de/zaf/2004/2004_3_zaf_spengler.pdf

101 Peters, Björn, Der Erhalt von sechs Kernkraftwerken könnte den Großhandelspreis für Strom um die Hälfte absenken, atw-Magazin, Band 68, 2022. https://kernd.de/wp-con-tent/uploads/2023/05/Artikel_atw_2022-06_Der_Erhalt_von_sechs_Kernkraftwerken_koennte_den_Grosshandelspreis_fuer_Strom_um_die_Haelft_-absenken_Bjoern_Peters.pdf

102 Hans-Werner Sinn, Grünes Paradoxon. https://www.hanswernersinn.de/de/themen/GruenesParadoxon

103   Jarmo S Kikstra et al, The social cost of carbon dioxide under climate-economy feedbacks
and temperature variability, Environmental Research Letters, 2021, https://iopscience.iop.
org/article/10.1088/1748-9326/ac1d0b/pdf

104   Über das LNT-Modell werden die Wirkungen aus den bekannten hohen Dosisbereichen in
den niedrigen Dosisbereich linear heruntergerechnet.

105   https://www.tagesschau.de/inland/innenpolitik/verteidigung-atomare-abschreckung-100.html

106   https://www.br.de/nachrichten/wirtschaft/ein-jahr-ohne-blackout-habeck-verteidigt-
atomausstieg,U9vPCrO

107   https://www.faz.net/aktuell/finanzen/it-panne-an-der-stromboerse-sorgt-fuer-chaos-und-
trifft-kunden-empfindlich-19815917.html

108   https://www.ews-schoenau.de/blog/artikel/steigende-kosten-durch-redispatch/#:~:text=-
Die%20Kosten%20f%C3%BCr%20Redispatch%20beliefen,Engpassmanagement%20wer-
den%20immer%20h%C3%A4ufiger%20notwendig

109   Der Begriff der Grenzkosten beschreibt im vorliegenden Fall die Kosten für die Erzeugung
einer zusätzlichen Kilowattstunde elektrischer Energie für eine bestimmte Technologie.

110   Skalierbarkeit bedeutet in unserer Argumentation eine beliebige Erhöhung der Speicherkapazität. Pumpspeicherwerke erfüllen zwar die Bedingungen hinsichtlich Kosten und
Standzeit, lassen sich jedoch nicht in beliebiger Menge zubauen.

111   Thess, André, Thermodynamic efficiency of pumped heat electricity storage, Phys. Rev.
Lett. 111 (2013) 110602. https://journals.aps.org/prl/abstract/10.1103/PhysRev-
Lett.111.110602

112   Robert B. Laughlin, »Powering the Future: How We Will (Eventually) Solve the Energy
Crisis and Fuel the Civilization of Tomorrow«, Basic Books, 2011. Deutsche Übersetzung:
»Der Letzte macht das Licht aus. Die Zukunft der Energie« Piper Verlag, 2012.

113   »Die furchtbare Gefahr des Atommülls wird nicht verschwunden sein, aber es ist schwer
vorstellbar, dass jemand [bei einer Wahl] für die Rettung der Welt vor dem Atommüll
stimmen würde, wenn dadurch seine Stromrechnungen stark anstiegen.«

114   https://www.bild.de/politik/inland/politik-inland/so-schaedlich-ist-das-akw-aus-fuer-das-
klima-83550518.bild.html

115   https://www.resource-online.nl/app/uploads/2018/12/ENG_1-32p_Resource_1309.pdf

116   https://www.iwkoeln.de/presse/pressemitteilungen/martin-beznoska-reiche-tra-
gen-den-loewenanteil.html

117   Hans-Werner Sinn, ifo-Standpunkt Nr. 30 Rettet die Kohle!, 2001. https://www.hans-
wernersinn.de/de/Ifo-Viewpoint-No--30--Save-our-Coal

118   https://www.nzz.ch/international/wie-china-800-millionen-menschen-aus-der-armut-be-
freit-hat-ld.1662417

119   https://www.undp.org/india/271-million-fewer-poor-people-india

120   https://de.wikipedia.org/wiki/Ausstieg_aus_der_Kohleverstromung_in_Deutschland-
#Aktueller_Stand_der_Stilllegung

121   Kraftwerksstrategie der Bundesregierung. https://www.bundesregierung.de/breg-de/aktu-
elles/kraftwerksstrategie-2257868

122   https://www.handelsblatt.com/politik/deutschland/haushaltskrise-lindner-muss-habeck-
87-milliarden-euro-ueberweisen/100047653.html

123   https://www.bmwk.de/Redaktion/DE/Artikel/Industrie/fracking.html

124   https://www.ndr.de/fernsehen/sendungen/extra_3/Robert-Habeck-in-Katar-Betteln-um-
Gas,extra20508.html

125   Robert W. Howarth, The Greenhouse Gas Footprint of Liquefied Natural Gas (LNG)-
Exported from the United States, Publikationsmanuskript (Preprint), https://www.
research.howarthlab.org/publications/Howarth_LNG_assessment_preprint_archi-
ved_2023-1103.pdf

126   https://hans-josef-fell.de/2020/02/25/heute-vor-20-jahren-wurde-im-bundestag-das-
erneuerbare-energien-gesetz-beschlossen/

127   Hans-Josef Fell, Globale Abkühlung, Strategien gegen die Klimaschutzblockade – ökolo-
gisch, wirtschaftlich, erfolgreich, Beuth – Berlin, Wien, Zürich, 2013.

128 Alexander Wendt. Der Grüne Blackout, Edition Blueprint, München 2017
129 https://www.dw.com/de/energiewende-da-herrscht-zum-teil-anarchie/a-17329121
130 https://www.automotivemanufacturingsolutions.com/two-wheeler-troubles/34407. article
131 https://www.forbes.com/sites/wadeshepard/2016/05/18/as-china-chokes-on-smog-the-biggest-adoption-of-green-transportation-in-history-is-being-banned/
132 https://www.ardaudiothek.de/episode/forum/verbessert-verwaessert-verkorkst-was-bringt-das-heizungsgesetz/swr-kultur/94586434/
133 Die große Wahl-O-Mat-Überraschung. Wen künstliche Intelligenz wählen würde. Bild-Zeitung vom 15. Mai 2024. https://www.bild.de/politik/chatgpt-und-der-wahl-o-mat-so-gruen-tickt-die-beruehmteste-ki-der-welt-6643c8d75aba33663aa10cda
134 Rutinowski, Jérôme, et al. »The Self-Perception and Political Biases of ChatGPT.« Human Behavior and Emerging Technologies 2024.1 (2024): 7115633. https://online library.wiley.com/doi/epdf/10.1155/2024/7115633
135 https://de.statista.com/statistik/daten/studie/37880/umfrage/geldvermoegen-der-privathaushalte-in-deutschland/
136 https://www.tichyseinblick.de/daili-es-sentials/tichys-einblick-08-2024-andre-thess/
137 https://de.statista.com/statistik/daten/studie/12520/umfrage/kirchensteuer-einnahmen-in-deutschland/
138 https://www.tagesschau.de/inland/gesellschaft/kirchensteuer-studie-2022-101.html
139 https://www.bundestag.de/resource/blob/409434/203175319e2c8362c7d33f0a42b-71d6c/wd-10-068-14-pdf-data.pdf
140 https://www.adac.de/der-adac/verein/daten-fakten/geschaeftsjahr/
141 https://weltwoche.ch/daily/windrad-als-denkmal-in-deutschland-werden-erstmals-kaputte-windraeder-unter-denkmalschutz-gestellt-die-besitzerin-spart-damit-die-abrisskosten/